经典科学系列

可怕的科学
**HORRIBLE SCIENCE**

# 植物的咒语
## VICIOUS VEG

[英] 尼克·阿诺德 原著 [英] 托尼·德·索雷斯 绘 刘迁 译

U0257100

北京出版集团
北京少年儿童出版社

著作权合同登记号

图字:01-2009-4320

Text copyright © Nick Arnold

Illustrations copyright © Tony De Saulles

Cover illustration © Tony De Saulles，2008

Cover illustration reproduced by permission of Scholastic Ltd.

## 图书在版编目（CIP）数据

植物的咒语 /（英）阿诺德（Arnold，N.）原著；（英）索雷斯（Saulles，T. D.）绘；刘迁译. —2 版. —北京：北京少年儿童出版社，2010.1（2024.10 重印）

（可怕的科学·经典科学系列）

ISBN 978-7-5301-2370-6

Ⅰ.①植… Ⅱ.①阿… ②索… ③刘… Ⅲ.①植物—少年读物 Ⅳ.①Q94-49

中国版本图书馆 CIP 数据核字（2009）第 183421 号

可怕的科学·经典科学系列

**植物的咒语**

ZHIWU DE ZHOUYU

[英] 尼克·阿诺德　原著

[英] 托尼·德·索雷斯　绘

刘　迁　译

\*

北 京 出 版 集 团　出版

北 京 少 年 儿 童 出 版 社

（北京北三环中路6号）

邮政编码:100120

网　　址：www . bph . com . cn

北 京 少 年 儿 童 出 版 社 发 行

新 华 书 店 经 销

北京雁林吉兆印刷有限公司印刷

\*

787 毫米×1092 毫米　16 开本　10.5 印张　50 千字

2010 年 1 月第 2 版　　2024 年 10 月第 60 次印刷

ISBN 978 - 7 - 5301 - 2370 - 6/N·158

定价：22.00 元

如有印装质量问题，由本社负责调换

质量监督电话：010 - 58572171

# 目 录

亲爱的史密斯先生,
这粒苹果籽在您的牙
缝里塞了几年啦?

# 揭开植物的面纱

有不少科普图书都介绍过一些关于植物的知识，你可以从这些书中了解不少有关植物的根、茎、叶、花、果实等知识。不过，你现在看的这本书可是与你过去所读过的植物书都不一样。因为它不仅介绍了植物"善良"的一面，同时也揭示了植物鲜为人知的"恐怖"的另一面！

首先，假如你的科学课是这样的……

★ 被子植物是种子植物的一大类。

植物课上唯一能使人精神振奋的事情就是：当某位同学刚要美美地进入梦乡，就被老师恶狠狠地叫醒了……

这个时候，你就需要《植物的咒语》这本书来助你一臂之力了，你可以向老师连发几个古灵精怪的问题……

怎么样，听起来是不是挺有意思的？岂止是有意思，简直是非常有意思。你可以用从《植物的咒语》中信手拈来的实例向同学们炫耀一下，你就是科学家的苗子，你肯定会令老师惊讶不已，对你另眼相看的。

　　所以，你应该认识到，植物并不仅仅是呆头呆脑的种子、艳丽妩媚的花朵、新鲜柔嫩的树叶什么的。植物王国中还有很多恐怖的秘密和各种卑鄙、阴毒、残忍、邪恶的咒语和勾当。这正是本书要为你展示的内容——危机四伏的植物王国。你还傻愣着干什么？为什么不翻上几页，你会发现植物学的种子已经开始在你的身上生根发芽了……

# 危机四伏 植物 的 王国

　　欢迎进入植物王国！这是一个恐怖的绿色国度，这里每天都在发生着可怕的事情；在这里，死亡就意味着致命的卷须一点点地慢慢勒死受害者；这是一个无法无天的世界，生存是这个国度里唯一的目的。你准备好了吗？欢迎进入危机四伏的植物王国！

　　由于植物不能像动物那样移动，因此，当面临危险时，植物也无法躲藏起来。然而，危险却是无处不在的。瞧！这静静的乡村田野看上去似乎很安静，安静到甚至有些单调枯燥了，对吗？

　　那你可就大错特错了。仔仔细细地观察一下，你会发现，此时此刻，大植物正在盗取小植物的阳光呢……

植物采用各种手段抢夺阳光……

与此同时，植物的根也在疯狂地争夺水分……

再加上数百万正在大吃大喝的虫虫大军……

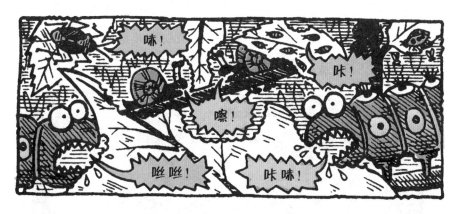

回忆一下在快放电影中看到的植物的一整天活动，你会记起树叶
在阳光中从天空飘然落下，各种各样的植物绞缠在一起，竭力毒杀来

访的虫子。就像我刚才所说的，植物也是邪恶的，正是依靠植物学家的不懈努力，我们才有幸能够了解到这个邪恶王国中的罪恶。

历史上第一位植物学家是有着强烈好奇心的古希腊人泰奥弗拉斯托斯。

## 科学家画廊

*泰奥弗拉斯托斯（前371—前287）国籍：古希腊*

泰奥弗拉斯托斯之所以名垂青史，是因为他是历史上第一个植物学家——也就是研究植物的人。那个时候的人不是吃植物就是种植物，只有他仔细地研究植物，并且有条有理地把自己对植物的研究详细地记录下来。

人们对于泰奥弗拉斯托斯的早年生活情况知之甚少。据说，他曾在雅典做过教师。他还是一个非常有头脑的哲学家，就像著名的柏拉图和亚里士多德一样。他还独立完成了大约200本著作，其中就包括一本关于植物的书。他在这本书中详细描述了500多种植物，如香蕉以及各种花草树木。在他描述的这些植物当中，甚至有从遥远的印度等国家采集而来的。

香蕉就像一根长长的黄色香肠，蘸点儿奶酪吃是特别棒的饭后甜点。

在书中，他对植物的描述称得上栩栩如生，不过，他在其中也加入了一些迷信观点。例如，他竟然认为蝎子一碰到附子草就会死掉，而如果再用菟葵轻轻地碰一下则又能使蝎子起死回生。

噢，不！别碰我！哎呀，不要啊，天哪！别碰我！

听起来挺玄的——传说中，泰奥弗拉斯托斯本人的寿命比历史书中记载的还要长。据说，他最终放弃园艺工作是在107岁高龄的时候。从这个角度来看，谁还会说从事绿色职业对人没好处呢？

## 你能成为植物学家吗

你愿意成为一位植物学家吗？好，不过你得知道，当植物学家可不光是在郁金香花丛中小心地行走，与树木交谈……植物学是一项艰苦的户外科学，需要经常去一些令人生畏的地方进行探险，例如：去散发着臭气的沼泽中寻找稀有的恶毒植物，或是陷在冒着臭鸡蛋味儿的泥潭中活生生地让吸血虫饱餐一顿……

这会儿我正在泥潭里泡澡呢，喝下午茶时我再回去。

要知道，这可仅仅是发生在植物学家身上众多恐怖事情的区区一斑。在19世纪，许多植物学家冒着种种难以预料的危险走遍整个世界，四处寻找用于科学研究的种子以及植物的标本……

# 奥里诺科新闻

## 南美之声 1801年

## 神秘的虫子吞噬了我们的标本

本报刚刚收到来自两位正在奥里诺科河畔某地开展研究工作的植物学家——亚历山大·范·哈姆博特和埃米尔·邦普兰德的消息。

这两位勇敢的植物学家称，某种在科学界尚不被人知晓的凶猛昆虫吞噬了他们收集到的几乎所有的植物标本。哈姆博特说："我们发现并搜集了成千上万种未知的植物。然而，不幸的是，那些不为人知的凶猛的虫子发现了我们的'收藏'。"为了赶走这些虫子，植物学家们把自己浑身涂满短尾鳄的脂肪。因为，据说短尾鳄的脂肪能给与虫虫奋战的人带来益处。

# 夏威夷先驱报

## 1834 年

## 勇敢的道格拉斯不幸遇难

被誉为"猎人"的戴维·道格拉斯不幸遇难。有关报道称，道格拉斯在寻找一种珍稀植物标本时不幸落入一个陷阱，更不幸的是，陷阱里面还有一头野牛。警方发言人说："通常，落入陷阱中的野牛是极其凶猛的。"

道格拉斯享年36岁，他因为发现了成千上万种北美大陆的未知植物而闻名于世。这其中包括以他的名字命名的道格拉斯冷杉。一生勇敢的道格拉斯曾经行走数千千米，也曾由于乘坐的独木舟翻船，险些溺水身亡。他是一个不惧怕危险，勇敢地走在生死边缘的植物学家。

# 亚利桑那公报

## 1998年

## 盗窃仙人掌　牛仔落法网

　　来自警方的消息称：根据一位植物学家提供的线索，3名仙人掌盗窃者已被警方抓获。案发当时，这3名全副武装、极度危险的盗窃者在未获任何许可的情况下，正要把仙人掌偷出沙漠。这些家伙在用仙人掌从欧洲及日本客人手中换取大把钞票的同时，也正将这些多刺植物从沙漠中毁掉。由于盗窃团伙盗窃的数量巨大，导致沙漠中的仙人掌日渐稀少。因为，这种巨大的绿色植物的生长速度十分缓慢，通常需要几十年才能长成新的仙人掌。一位国家环保部门的植物学家说："仙人掌被盗事件无疑已成为目前最为棘手的案件。"

## 邪恶植物 "团伙"

现在，你知道当一名植物学家有多危险了吧？你还想成为一名植物学家吗？好，你首先得了解一些非常重要的常识。让我们先从最基本的开始吧，是时候让你多积累一点专业知识了……

## 形形色色的植物档案

名称：绿色植物

基本情况：植物学家将植物定义为：从阳光中获取养分的生物。叶子通常为绿色，假如你用手瓣开植物的叶片，绿颜色有可能涂抹到你的手上。所以也有人说园丁一个个都是"绿指头"。

可怕的特异功能：

1. 植物中的有些家伙会用死亡的昆虫来增进自己的"食欲"。它们捕食昆虫，溶解昆虫的身体或者吸干昆虫内脏中的汁液。

2. 另外一些植物喜欢通过根来吸取昆虫的血液（某些肥料就是用干血制造的，含有植物所需的丰富的矿物质以及其他化学元素）。

瞧！那棵植物长得真快呀！

### 你肯定不知道！

血液也是传统肥料的成分之一。以下就是一副名副其实的令人作呕的肥料配方……

**老杰斯罗的特殊肥料配方成分**

腐烂的牛粪　　　磨碎的骨粉　　　熬干的血末

这些成分虽然恶心但却富含矿物质。植物可以通过根系吸收它们，来维持自身的生长和保持自身的健康。

## 你能够成为植物学家吗

接下来的训练是：在你还没有陷入泥沼前再多学习一些常识。

### 植物是由什么组成的

通过显微镜观察一株植物，你会发现植物是由细胞组成的，正是这些胶状的小东西组成了所有的动物和植物。在植物细胞的边缘有一种叫作纤维素的物质，起加固细胞的作用。

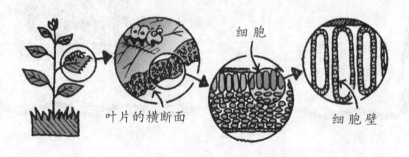

细胞

叶片的横断面　　　　　　　　　细胞壁

纤维素是一种能让绿色植物韧性十足的物质。它大量存在于你饮食中的粗粮里，能帮助你在体内运送未完全消化的食物，最后，大部分纤维素都将随你的粪便被排出体外。

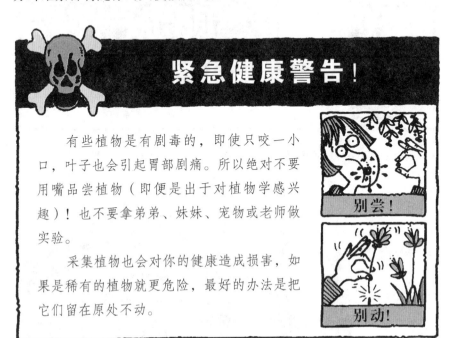

## 紧急健康警告！

有些植物是有剧毒的，即使只咬一小口，叶子也会引起胃部剧痛。所以绝对不要用嘴品尝植物（即便是出于对植物学感兴趣）！也不要拿弟弟、妹妹、宠物或老师做实验。

采集植物也会对你的健康造成损害，如果是稀有的植物就更危险，最好的办法是把它们留在原处不动。

别尝！

别动！

## 需要的工具

放大镜可以用来观察那些非常微小的植物，比如浮萍。

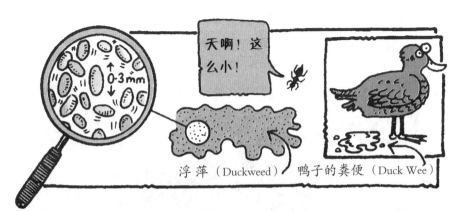

天啊！这么小！

0·3mm

浮萍（Duckweed） 鸭子的粪便（Duck Wee）

显微镜是观察植物，特别是微小的植物（如藻类）的最佳工具。

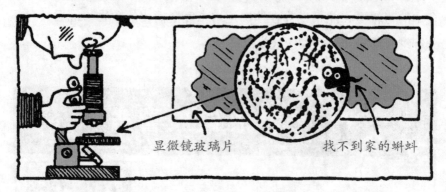

显微镜玻璃片　　　　　　　　找不到家的蝌蚪

双筒望远镜是观察大树的好工具，如下图中的美洲红杉*。

喵！

猫咪！别跳！

加利福尼亚州的美洲红杉

★ 这些美丽的红杉是世界上最高大的植物。那些冷血的人会砍伐掉一棵美洲红杉以生产50亿根火柴。

记录植物所需的笔记本、钢笔和照相机

考察中观察到的植物

考察中吃掉的植物

当你准备好这些物品，你就可以像植物学家一样展开考察工作啦！下面列举的是常用的植物识别指南，它能够帮助你认识考察中遇到的主要植物的门类。

## 未知的细菌（种类至今尚未确定。据认为90%的细菌对科学界来说还是未知的。）

如果我告诉你，你的身上正有数百万个细菌在爬动。别害怕！因为每个人都有——细菌无处不在。近至你家的马桶里，远至海洋的最深处，细菌无孔不入。细菌的个头儿非常之小，即使是一个图钉尖上也可以附着数百万个细菌（别坐在图钉上就是这个道理）。有些细菌是有害的，会导致疾病，而其他一些细菌则是无害的。有的细菌甚至生长在你的肠胃里，提供维生素B和维生素K来保持你的健康。

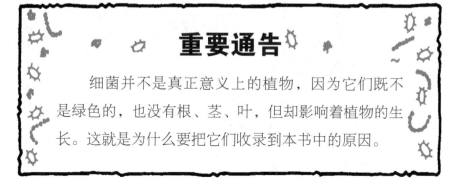

# 重要通告

细菌并不是真正意义上的植物，因为它们既不是绿色的，也没有根、茎、叶，但却影响着植物的生长。这就是为什么要把它们收录到本书中的原因。

## 可恶的真菌（70 000种）

真菌是缺少叶绿素的植物，叶绿素是一种绿色物质，绝大多数植物通过叶绿素来利用阳光生产"食品"。真菌包括卫生间里的霉，菜汤里的蘑菇，还有学校午餐中的霉菌。警告！所有的真菌都贪吃动物和植物，而且不论死活。真菌在进食的过程中先把牺牲者变成美味靓汤，然后就咕嘟咕嘟地喝下去。味道好极了！

## 恐怖的藻类（25 000种）

你可以在任何地方找到藻类——远至南极大陆，近至你家门前的池塘，你都能看到可爱的绿色水面。海洋是藻类生长最旺盛的地方。有些海藻比针尖还小，黏糊糊的，不停地蠕动，令人作呕；而有些海藻则无比巨大，像在加利福尼亚州海岸、日本以及新西兰发现的某些海草长达60米。没错，海草也是一种藻类。

### 你肯定不知道！

海藻有时也会污染海水。人类将大量的污水排入大海，而海藻则将这些污水中的"美味"化学物质大口吞掉。真是各有所好，不是吗？当海藻无休止地生长、繁殖时，大量的海藻将消耗光海水中的氧气，导致鱼类纷纷窒息而死（顺便说一句，氧气是人类和动物生存必需的气体）。有些海藻释放出的化学物质甚至可以毒死在海中游泳的人，或者毒死喝海水的宠物。只有几种细菌不会被毒死，但这些细菌会产生恶心的臭鸡蛋味儿。看了这些，你还想洗个海水澡吗？

## 恶心的地衣（20 000种）

地衣不是单独生长的植物，而是由真菌类和藻类生长在一起形成的，这两种植物互相作用，使地衣看起来就像是一种植物。其中，真菌极易吸水，还能溶解岩石，从中吸收矿物质；而藻类则能把阳光转变成食物。这些听起来既亲切又友善，那为什么还说地衣恶心呢？其实，这只是一个科学家个人的看法而已。瑞典科学家卡尔·林尼厄斯（1707—1778）创造了一种用拉丁文为植物命名的系统，即植物用拉丁文命名，这种系统一直沿用至今。不知道为什么，卡尔·林尼厄斯不喜欢地衣，他管地衣叫："……最恶心的植物垃圾。"

## 湿漉漉的苔藓（20 000种）

苔藓其实是不同的植物，但有着近似的生活方式。基本上就是生长在阴暗潮湿的地方，尽可能地保持潮湿的环境。听起来像是在说笑话——虽然我并不这么认为，但苔藓的生活中的确有着一段不平凡的故事……

▶ 成年苔藓能产生许许多多的小孢子（这是它们的种子）。

▶ 这些孢子无法直接长成成年苔藓，只能长成像小树叶一样的东西。

▶ 这些小东西继续长成特殊的雌雄一体的细胞。

▶ 由这些雌雄一体的细胞最终长成新的成年苔藓。

听起来是不是有点乱，植物学家称这为"隔代交替"，意思就是大植物繁殖出小植物再繁殖回大植物，如此交替进行。如果人类也能"隔代交替"的话，假设你的个头儿是正常的，那你父母的身高就应该只有1厘米。这样，至少在你的零花钱问题上你们之间不会再争执不休了！

## 你肯定不知道！

关于苔藓的令人不可思议的秘密……

1. 在新几内亚，有些苔藓长在象鼻虫（一种小甲虫）的后背上。科学家称苔藓能使象鼻虫与它所处的环境融为一体。想想看，如果你的大脚指头上长了一块儿苔藓，你会注意不到吗？

2. 在第一次世界大战期间，水藓被人们用来当作绷带。因为苔藓的吸血能力是棉花的4倍。唯一的遗憾是，用水藓做的绷带的颜色为令人作呕的黄色，与干脓的颜色差不多，但至少水藓绷带不需要清洗。

## 硕大无朋的裸子植物（700种）

裸子植物在希腊语中意为"赤裸的种子"，简而言之就是说，这些植物的种子是裸露在空气中的，而不是包裹在花里。

紫杉

圣诞节裸子树

苏铁

最著名的裸子植物包括所有的松树、紫杉树以及古老的树种"苏铁"，苏铁在远古时代曾是恐龙爱吃的植物。那时的苏铁一定是世界上最古老的色拉——对，比你们学校午餐吃的莴苣叶还要老。

## 树木

树并不是成群才算植物，一棵树本身就是由木质树干支撑的巨大植物。（我们不能让树软绵绵地赖在地上，对吗？）

所谓木质就是聚在树干中心的一种被称为木质素的物质。

这意味着在学校里，你的屁股很可能坐在一块木质素上面，那个凶恶的老师打你用的也是一段长长的木质素。树木活着的部分是树皮的下层，这就是树在中间被掏空后还能继续活下去的原因。树木之所以能够长那么大，是因为它一生都在不停地生长。想象一下，如果你也能这样，就能活到300岁，长到100米高。（到那时，你需要一个无比巨大的拐杖来帮你走路！）

## 耸人听闻的被子植物（250 000种）

这些是有花的植物，还记得吗？它们是一个巨大的植物群，几乎包括人们在花园里种植的所有东西，还包括你在学校吃的所有色拉的原材料（不包括奇怪的毛毛虫）。

这些植物将开花作为传播花粉给其他同类植物的一种途径。而当它接受别的花传来的花粉后，有些部分就长成了果实和种子（见第103页惊人的细节）。

然后我们人类或其他饥饿的动物就去嚼它们。提醒你一下，如果是这样的话，那棵植物就胜利了，因为通常情况下种子都直接通过动物的消化道，然后和一堆美妙的大便一起再现，以便于它们茁壮成长。

所以，就像你看到的一样，植物长得千奇百怪，虽然有些看起来平平常常，其实却在不断繁衍生息。我的意思是，你只要继续读下去就知道是为什么了……

# 生机勃勃的绿色植物

好多人都认为植物没什么意思，那他们可大错特错了。这里给你展示最令人震惊的事实依据。植物是地球上最主要的生物，要我说，地球应该改名叫植物球才对（因为蔬菜球或大头菜球听起来有点滑稽）。

## 行星上的植物

假设你是一个外星人，正在宇宙飞船上观察地球。那么首先，你肯定会认为是植物在控制着地球，我的意思是说，仔细看，看到人了吗？没有，他们太小了，但是你能看见植物，对吗？大片大片的植物。

看到地球北部的大片绿色浓烟了吗？那就是数以千万的树木啊！它们组成了巨大的松林，从挪威开始蔓延过亚洲，一直到加拿大。还有那些分布在南美洲、非洲和东南亚的绿团团，它们都是热带雨林。

可自从人类开始砍伐森林、修建公路、开垦农场以来，森林就越来越少了，这些你都知道了吧。

所以，毫无疑问，地球上到处都是植物。如果你把地球上所有的生物都称一下的话，你会发现占这个巨大重量总和的99.9%为植物的重量，而动物的重量只占了0.1%（这还包括鲸和大象等非常重的动物）。

好了！既然植物是如此广泛地分布在地球上，那么老师就应该知道许多关于植物的知识了，对吗？现在你有机会检查一下老师的手指是否发绿，他的知识是否狭隘了。

## 考考你的老师

即使是黑猩猩也能答对1/3的问题，因为这里只有3个选项。看看你的老师表现怎么样吧。

1. 一棵草本植物最大能够覆盖多大面积？

a）1平方米。

b）一个小花园。

c）一大块地。

2. 一粒种子最长可以保存多长时间？

a）10个月。

b）10年。

c）10 000年。

3. 一些植物通过叶子释放出气体，然后这些气体又被另外一些同类植物通过叶子吸入。这些气体可以传播什么样的信息？

a）我想引诱你的花。

b）多结点儿果实。

c）警报！有一群长颈鹿饿得发疯了。

4. 在下列哪个地方没有植物生长？

a）你的脚趾缝里。

b）坚硬的岩石内部。

c）南极洲的冰层下面。

5. 如果你对着某些植物呼吸，它们会有什么反应？

a）把你呼出的气转换成一种毒气再排给你。

b）蔫儿了。

c）把你呼出的气体转变成糖，然后"吃掉"它们。

6. 下面哪种东西是树上永远不能产生的？

a）像血一样的红色液体。

b）露水。

c）用来生产巧克力的一种物质。

7. 有些植物能够怎样保持体温？

a）利用供热中心供热。

b）利用繁密的树叶保温。

c）通过自身的抖动保温。

8. 当植物干渴时会做什么？

a）从叶子上长出一些特殊的小窗口，使阳光可以从这里透过，但水分却不能从这里流失。

b）自动脱落一些小树枝。

c）用一种类似薄膜的东西将身体覆盖住。

9. 下面哪种物质不包含植物？

a）鸟类的排泄物。

b）一个奇异的蘑菇状物体。

c）鹅卵石。

**答案**

1. c）一棵植物的确可以长到这么大。科学家曾发现一大块酥油草（一种草）地常常只是一棵草，虽然，它可能已有几百岁，但依然十分茂盛。

2. c）令人难以置信但却是真的。1982年，日本科学家在一个旧地窖里发现了1粒1万年前的木兰种子。他们将这粒种子种上，令人难以置信的是，这粒种子竟然长成了健壮的木兰树。

3. c）是的，金合欢树之间通过花进行交流，或者更准确地说是用树叶交流。当一棵非洲金合欢树被一只饥饿的长颈鹿"进攻"时，它的叶子就会释放出一种恶臭的毒物把长颈鹿赶走，同时释放乙烯气体。附近的金合欢树通过树叶的小孔吸入乙烯气体后，也开始排出毒物。

4. 这是个小花招！所有这些地方都能生长植物。

a）如果你的脚趾特别脏，你可能会在脚趾缝里发现好

多东西，尤其是真菌。即使是脚汗的恶臭也不能把真菌杀死。第93页有细节，可以查一下。

b）在南极洲，有些藻类能够生长在沙岩中，它们通过沙岩的裂缝进入内部，靠吸收透过沙岩纹理的阳光维持生命。

c）南极洲还有一些藻类能够生长在雪中，它们用特殊的鞭毛在雪中四处游动，同时自身产生一种防冻物质，使身体不会冻僵。它们能够在你最喜欢吃的冰激凌里活得自由自在。

5.c）你呼出的气体中含有二氧化碳，植物通过叶子上的小气孔吸入二氧化碳气体，然后把碳转变为糖，作为植物生长所需的能量。花需要一些能量来产生花蜜，如果蜜蜂把花蜜酿成了蜂蜜，你就有可能会吃下自己呼出的二氧化碳，呃！

6.b）虽然你可能在树上发现露珠，但实际上露珠是在空气中形成的小水滴，所以露珠并不是植物产生的。

a）红色的东西是一种树胶。如果你把澳大利亚红木的树皮割开一个口，树胶就会渗出来。树皮愈合期间，树胶可以保护伤口。你能猜到树名是怎么来的吧。这些树汁就是素食吸血鬼的理想食品。澳大利亚土著人用这种树汁治疗伤口，漱喉治疗嗓子痛。

c）巧克力是由可可树上的种子碾碎制成的。

凡是遇上我的人都会嗓子痛的。

7. b）雪绒花生长在寒冷的阿尔卑斯山上，毛茸茸的叶子在严寒中可以使花保持温暖。而东非肯尼亚山上生长的半边莲的茎秆也是毛茸茸的，就像一件小毛皮外套保护着花，使其不会冻坏。

8. 这又是一个小花招，这三件事植物都做。如果老师说对答案，那就给他1分；如果老师只选择a）或b）或c），就只好给他半分，让他难堪了。

a）在西南非洲的纳米比沙漠中生长着窗树，当太阳暴晒时，窗树能分泌出特殊的透明物质，使树叶不会失去水分，有点像抹了一层防晒霜。

b）植物的水分会通过气孔丧失，而纳米比亚的箭袋树却能在树干内长出一堵像墙一样的结构，切断枝叶的水分供应，这样树枝就会脱落，以节省一部分水分。

c）许多植物都能够从气孔分泌出一种蜡质层，以免干枯。蜡质层盖住树叶，水分就不容易丧失掉了。

9. 哈哈！这又是一个讨厌的花招。它们都是植物。

a）是回欢草属植物，生长在干旱地区，外形像鸟的粪便，这样动物就不会把它吃掉了。要是用它做色拉你会喜欢吗？

b）是叠层石，实际上是一团海藻和淤泥的混合物，长在澳大利亚的海滩上，海水把它冲成了蘑菇状。

c）是长在非洲沙漠中的卵石形植物，它把自己伪装成卵石以防被动物吃掉。嗨，你拿石头砸我吧！我说不下去了。

老师的得分意味着：

9分。这是不可能的，历史上从来没有一位老师得到过如此高分，除非他们偷偷看过这本书。如果情况属实，你得立刻把书没收了，你怎么能容忍老师比你知道的还多呢？

7—8分。要当心了，你的老师是个深藏不露的植物学家。注意看看他的手指是不是绿色的，指甲缝里面有没有泥，是不是总神经兮兮的，是不是一谈起植物就滔滔不绝，而且对植物的拉丁文名字了如指掌，等等。

4—6分。表现一般，他得再努力点儿，他目前的知识充其量只能当一位老师或者园艺师，真的。

0—3分。太让人失望了，显然，你的老师需要洗心革面，还得做些额外的植物家庭作业才行。

你知道吗？植物最与众不同的特点就是吃东西的方式。植物非常贪吃！它们整天不停地吃啊吃……就像某些家伙一样，真的。不过它们吃东西的习惯和人却大不一样。继续往下读，看看详细内容。

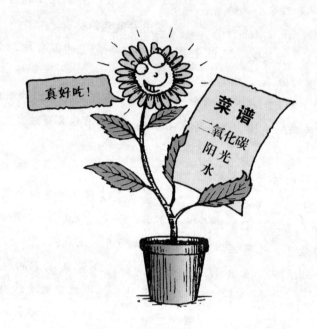

# 贪婪的绿色家族

假设你在听力方面具有超强的能力，那么当你外出时，就会听到咂咂吃东西的声音，那就是成千上万的植物正在狼吞虎咽地吃东西。

不过，植物并不吃奶油蛋糕一类的东西。植物只能吃"老三样"——水、空气和阳光。

什么？你不相信我的话？那么好吧，那你就自己往下读，看个究竟去吧……

## 形形色色的植物学术语

进行光合作用不需要照相机吗？

**答案**

不需要。光合作用是植物制造养分的方式，它们是这样做的……

1. 通过叶片上的气孔吸收阳光和二氧化碳——你还记得吗？也就是植物叶子上的小孔。

2. 利用根部从土壤中吸收水分。

3. 然后利用阳光……

a）产生微弱的电流。

b）把从二氧化碳中提出的碳和从水中得到的氢化合物混合，利用电流制造出糖。

c）然后把这些小糖粒连成一条链，以淀粉的形式把糖储存起来。明白了吗？

想吃东西的时候只需待在阳光下，你能想象出那是什么滋味吗？生活将会多么美好啊，是不是？这样，当你醒来时，食物就会为你准备好，这个令人难以置信的过程是由一位非常脑膜的科学家发现的，他干的另一件事就是为人们成功地进行了注射治疗。

## 科学家画廊

*詹·因根—豪兹（1730—1799年）国籍：荷兰*

在詹很小的时候，人们就说他长大以后会从事脑力工作，他属于那种非常聪明的孩子。但是没有人预料到他会成为科学家。年轻的詹想成为一名医生。他在比利时和荷兰的大学里学习，直到他认为学到的知识足以使自己成为一名成功的医生。

1764年，詹动身前往英格兰，在英格兰他听说了一些有关接种疫苗的消息。这是防止人们得天花——一种致命疾病的有效方法。

医生在针线上涂上天花病菌——这些病菌是从天花病患者带血的脓水中取得的，然后为病人进行针刺治疗。这种方法是想通过给健康人注射少量病菌，从而使其身体产生抗体以抵抗致命的天花。但是，这种做法也有很大的危险性——有时还会导致灾难性的后果。如果针上携带的病菌过量，就会使接种者全身长满天花，然后死亡。

詹因为针刺疗法而忙得团团转，在几个月里他就为700多人接种了疫苗。英国国王乔治三世（1738—1820）对詹印象很深，他派詹前往奥地利为王室成员接种疫苗。这对詹来说是一项既可怕又危险的差事，因为如果他出一点差错，就有可能用针刺死奥地利皇后。

抱歉，我穿、我穿、我穿不上！

幸运的是，接种的结果很成功，皇后此后身体一直非常健康，并且从来没有得过天花。为此，詹被赏赐了许多贵重的礼物。

18世纪70年代，詹在英格兰对植物产生的气体发生了兴趣。这都是因为詹阅读了科学家约瑟夫·普里斯特利（1733—1804）的著作，约瑟夫发现植物好像可以自己制造和吸收一些神秘的气体。于是，詹决定自己做实验来看个究竟。

詹最终证明了植物吸收被我们称为二氧化碳的气体，同时放出氧气。接下来他继续证明，这种情况只发生在植物暴露在阳光中的绿色部分。万岁！詹发现了光合作用。他此后又证明了植物细胞也吸收氧气，并释放出二氧化碳，也就是说，植物也像我们人一样"呼吸"。

詹对科学的很多领域都非常感兴趣，他一直想设计出一种机器（但他始终没有动手去制作），这种机器通过给病人提供纯净的氧气来帮助患者解决呼吸问题。

## 珍稀植物

现在有一条特大新闻：如果没有光合作用，我们就会像被塞进烤箱的渡渡鸟一样死去。

1. 植物通过光合作用制造出氧气，而我们则吸入氧气。地球上有70%的氧气来自大海，这种至关重要的气体是由大量在海洋中漂浮的水藻制造的。因此，可以说是植物在维持我们人类的生活。

2. 离开氧气，动物连几分钟也活不过去。如果你能把地球上所有的动物1秒钟里所需的氧气加在一起，这些氧气的总重量竟然能达到10 000吨。这样的呼吸真是惊心动魄！

3. 科学家认为，地球上储存有足够人类活差不多3000年的氧气。不过，如果3000年以后，没有足够多的植物制造出足够的氧气，人就有可能窒息而死。虽然听起来3000年是一段很长的时间，但与植物在地球上生存的30亿年相比，3000年根本算不了什么。

此外，植物之所以重要还有其他原因。

4. 你一想到早晨必须按时起床就会觉得很难受，是不是？但如果你没有一点能量，你将会更难受。而那些让你能走能跑的能量来自晚餐中香喷喷的汉堡包和炸薯条。

5. 而它们又都是从植物那儿得来的。没错，是植物……

有些草虽然到最后变成了一堆臭烘烘的牛粪，但是能量并没有浪费掉。

牛粪腐烂重新返回到泥土里，然后又被贪吃的菌类和杂草吸收掉了。

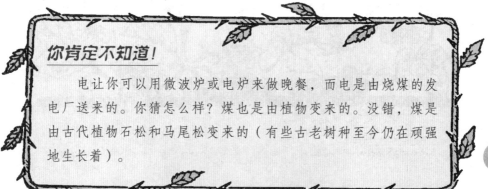

### 你肯定不知道！

电让你可以用微波炉或电炉来做晚餐，而电是由烧煤的发电厂送来的。你猜怎么样？煤也是由植物变来的。没错，煤是由古代植物石松和马尾松变来的（有些古老树种至今仍在顽强地生长着）。

怎样自己动手制造煤？

1. 你需要一棵巨大的马尾松——比如40米高。

2. 把马尾松砍倒，然后把它泡在热乎乎的臭水里，沼泽地也行。

3. 为了不让它全部烂掉，再在上面放几层部分腐烂的马尾松。

4. 使劲向下压结实，然后让它在地下沤上一段时间——比如说3.5亿年吧。噢，别忘了经常往上面添加泥和沙子。

5. 再从地下挖出来就能烧了。

你会发现，经过这些步骤，马尾松已经变成又黑又硬的煤了。其实煤也是炭的一种形式，是许多年来马尾松通过进行光合作用吸收二氧化碳而形成的。非常有价值的等待，你说对吗？

## 复杂的植物构造

首先，让我们仔细观察一株典型的植物：

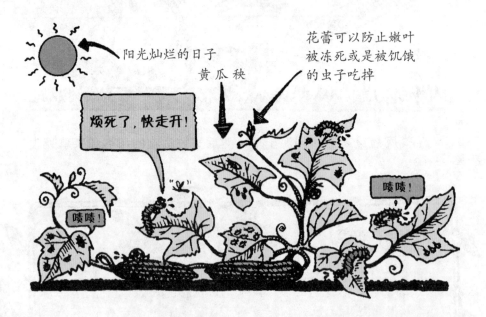

阳光灿烂的日子

黄瓜秧

花蕾可以防止嫩叶被冻死或是被饥饿的虫子吃掉

## 仔细观察叶片结构

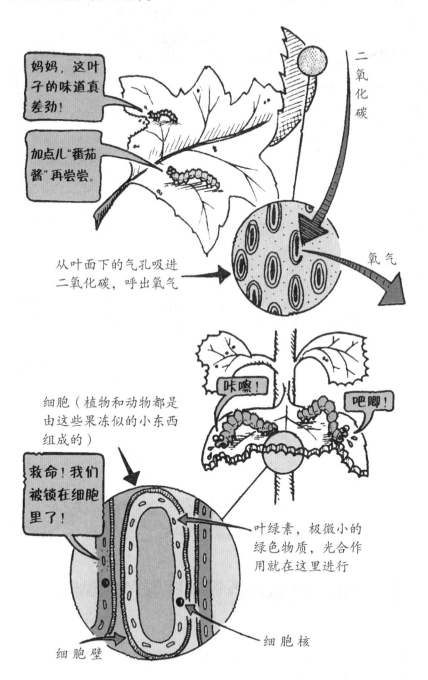

从叶面下的气孔吸进
二氧化碳，呼出氧气

细胞（植物和动物都是
由这些果冻似的小东西
组成的）

叶绿素，极微小的
绿色物质，光合作
用就在这里进行

细胞壁

细胞核

## 形形色色的植物档案

名称：叶子

基本情况：

　　1. 叶子是植物上绿色的部分，通常可以在茎、梗的末端找到它们。（我敢打赌，你买这本书就是为了知道这个！）

　　2. 如果你近距离观察叶子，你将会发现叶子上有像迷宫一样的小管子被用来输送水分，运走通过光合作用形成的糖。

可怕的特异功能：

　　一些寄生植物能从一片叶子上长出一个新的身体来。想象一下，你的手指头被切掉了，接着从它上面能又长出一个新手指来？植物就能做到这一点！

它掉哪儿去了？

在这下面！

## 你敢不敢试一试怎样弄到一些绿色的黏液

需要的物品：

▶ 一个带旋盖的玻璃瓶（果酱瓶就可以）

▶ 一根木头或者树皮

▶ 一个洒水壶

需要怎么做：

1. 用水喷湿木条。

2. 找一些生长在树干上的绿色藻类，将它们碾成粉末，撒在湿木条上。

3. 把木条放入玻璃瓶子里，封上盖子。

4. 把装有木条的瓶子放在有光的地方待上几天。

发生了什么？

a）绿色的藻类变成黄色。

b）绿色的藻类开始扩散。

c）绿色的藻类在黑暗里生长。

**答案**

　　b）藻类利用空气中的二氧化碳、阳光和水制造出糖，为自己提供生长所需的养料。如果是a），则需要较多的光和水；如果是c），你就找到了一种新的生命形式了。注意，它可能会把瓶子撑爆了，也把你的宠物吓坏了。

## 令人惊异的叶子

　　叶子似乎没有什么让人惊奇的地方。那么，来看看这些可怕的事实吧……

1. 某些植物的叶子非常……敏感，如果你碰它一下，它的枝干就会垂到地上，接着整个植物卷成像穗子一样的东西，就连最饥饿难耐的动物也不会想要吃它——对，肯定不想吃。你吃过想逃跑的色拉吗？

2. 一碰到叶子，叶子内部会产生电流，这样就抽空了叶子根部细胞的所有水分，使叶子脱落。记住！这种植物是十分敏感的，不要轻易说些刻薄的话，比如"你只不过是小菜一碟"，这会让它不高兴的。

3. 某些海芋属植物的叶子硕大无朋，足有3米宽。一些旅行者把它用来做帐篷，而你还可以把它用来做食物（注意：如果建好帐篷后，再咬出一个个小洞可就不太雅观了）。

4. 说起巨大的叶子——王莲（一种生长在亚马孙的百合）的叶子直径足有2米，它十分结实。约瑟夫·帕克斯顿（1801—1865）是第一个种这种百合的人，他将自己的女儿打扮成一个仙女，然后让她坐在王莲叶子上拍照留念，我猜他的女儿肯定觉得自己像个白痴（注意：坐在一个普通的百合上是不可能的）。

5. 你有没有想过，为什么叶子的颜色会在秋天变得非常漂亮，又转瞬间凋谢了呢？令人惊奇的是，是树自己把这些叶子扔掉的！在寒冷国家的冬天，树是很难熬的，因为此时，它很难从冰冷的土壤中吸取水分，这有点儿像你从稻草中吸食冰激凌一样根本无法做到。于是，树就甩掉叶子，因为，此刻留着那些叶子毫无益处。

一个孩子可以坐在巨大的王莲叶子上　　孩子坐在普通的百合叶子上

6. 那些漂亮的颜色来自叶片中的残渣和没有用的化学物质，而来自叶绿素的宝贵绿色，则被树重新吸收，而更多废弃的化学物质又涌进叶子中去。

7. 当叶子飘零时，就像是树要上厕所——或者说是树长在厕所里。树会产生化学物质使树干上的树枝变得松弛干枯，于是叶子就要轻轻地飘落到地上，碰巧落在我们要去的地方。

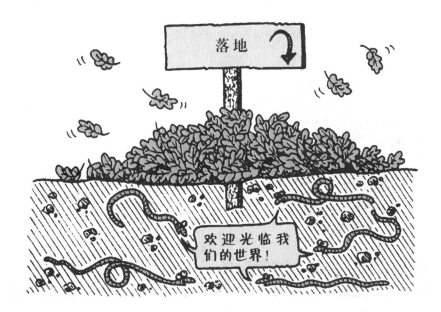

# 令人作呕的根

如果想了解植物，你必须深入到植物的根茎部分，也就是说，要看看植物在地表以下的阴暗土壤里究竟是怎样的一种情况，揭穿它那令人不快的秘密。希望你的胃有很强的承受能力。

## 土地下面的烦心事

把土壤想象成另一个完整的世界——一个充满微小空间的秘密地下城市。你必须通过显微镜才能看清楚这一切。每一个微小的土粒都被一种叫作腐殖质的物质包围着，特像有巧克力外壳的浆果（千万别去吃它，会让你恶心。继续往下读你就会知道原因了）。

腐殖质由微小的动植物腐烂部分混合而成，对了，别忘了还有细菌——无数的细菌。一小块土壤——仅4立方厘米——就有大约50亿个细菌，这个数目与地球上的人口总数差不多。

地下的细菌

真正进入地下的科学家

如果这些细菌和人一样大的话，那块土就像一座10 000层摩天大楼那么高。如果你播撒28克土壤中的所有腐殖质，它就能把4公顷土地的表面覆盖上薄薄的一层（1公顷等于1万平方米）。这些腐殖质把微小的土粒粘在一起，防止土粒被风吹走。

听起来很恶心，这个看不见的秘密世界却是数百万叫作螨虫的虫子愉快进餐的场所，还有较大的臭虫、蠕虫和真菌也乐于在此互相捕食和大吃大嚼。植物的根茎也盲目地在土壤中寻找矿物质和水（矿物质是保证植物健康茁壮成长所必需的化学物质，还记得吗？包括钾、磷和硝酸盐）。

**你肯定不知道！**

刺荨麻在富含钾的土壤中会生长得很好，而钾在骨骼中也存在，因此茂密的荨麻丛下面很有可能埋着一具尸体。

可怜的吉姆，他生前最讨厌刺荨麻。

地下有许许多多的根茎，一株不到1米高的冬小麦在仅0.06立方米的土壤中就有加起来近623千米长的根茎。

事实上，如果你能把一个普通大小的花园中所有植物的根茎都拉出来并连接在一起的话，这长度足够绕月球一周，然后再返回！

## 根的问题

如果没有根，植物就无法生存。先让我们从不同的角度来看看黄瓜秧吧……

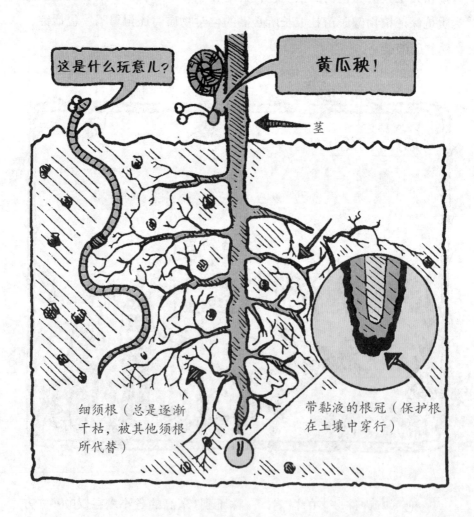

须根可以吸收水分和矿物质，然后通过木质管输送给树叶，而通过光合作用产生的糖则在被称作韧皮部的管中游动。

这是一张黄瓜秧（茎）的X光片。

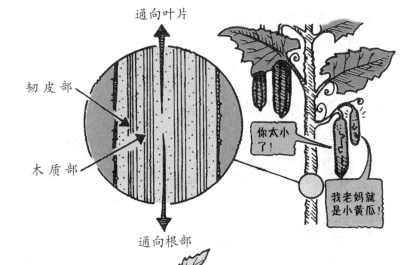

通向叶片

韧皮部

木质部

通向根部

你太小了！

我老妈就是小黄瓜！

你肯定不知道！

事实上，一些植物的根能起到改善土壤的作用。豆科植物（与豌豆有关）的根含有一种细菌，这种细菌能在土壤中把空气中的氮气转化为硝酸盐。当豆科植物死后，这些化学物质就可以被其他植物所利用。

## 形形色色的植物学术语

这叫蒸腾作用！

难道不应该叫流汗吗？不，她是在谈植物，蒸腾是指植物通过根部吸收水分，再通过叶子里的气孔把它散发出去。这样可以保证水分从根部流向叶子以进行光合作用。

这有点像你用很长的吸管咕嘟咕嘟吸水一样。

利用蒸腾作用，植物散失大量的水分，平均100平方米的草地每年散失水50吨；一棵大树在阳光充足的情况下一天可散失水1000升，难怪植物会干渴。

树通过树干吸水

大象也在干相同的事

# 你敢不敢试试蒸腾是什么

需要的物品：

▶ 一株植物

▶ 一个塑料袋

▶ 一段松紧带

需要这样做：

1. 用塑料袋罩住一根枝条和一些叶子。

2. 用松紧带把袋口绑紧以免空气进入。

3. 将这个塑料袋放在太阳底下晒4个小时。

发生了什么？

a）袋子被吸进去。

b）袋子被吹起来。

c）袋子里面布满小水珠。

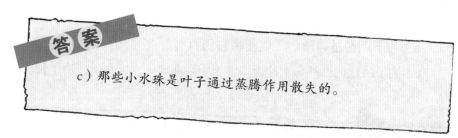

**答案**

c）那些小水珠是叶子通过蒸腾作用散失的。

## 你能成为植物学家吗

1. 假设你在北极附近寻找植物，发现腐烂的动物尸骨上长着一些漂亮的花朵。这些花为什么会长在那里呢？

恐怖的鲜花！

a）先有鲜花，后来动物死在上面。

b）花有毒，动物吃了以后就死掉了。

c）动物先死了，由于腐烂尸骨的滋养使鲜花在上面生长开放。

2. 你发现这些根长在海边，那么为什么根会是向上生长的呢？
（根一般都是向旁边或向下生长的。）

好像滚钉板一样！

a）为了呼吸空气。

b）为了刺伤过路动物，以便吸它们的血。

c）为了防止泥巴被海水冲走，使土壤渐渐变硬，以利于植物生长。

**答案**

　　1.c）土质本来很差，但雨水把枯枝落叶及腐尸上的营养成分都冲刷进土壤里后，花儿就能盛开。上面的骨架也有利于植物抵抗住刺骨的寒风。

　　2.a）它们是红树根的一种，伸出水面来呼吸空气，涨潮时便停止呼吸，直到退潮后再继续呼吸。

　　注意：下面的章节可能会让你有点紧张，因为这些植物都是千变万化的，极可能用凶残的诡计和陷阱来捕捉昆虫和小动物，然后慢慢享用！

别让它们找到我们！

# 阴险的食虫植物

咕嘟！ 咚咚！ 哗啦！

动物吃植物，植物只能束手就擒，这似乎是自然规律。不过也有例外，有一些植物就进行了奋起还击，而且居然能吃掉动物。下面就进入食虫植物的恐怖世界吧……

## 形形色色的植物档案

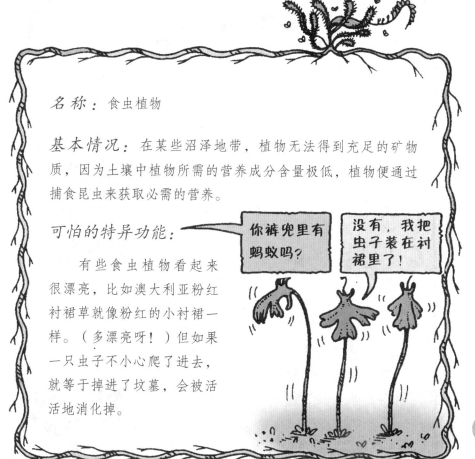

**名称：**食虫植物

**基本情况：**在某些沼泽地带，植物无法得到充足的矿物质，因为土壤中植物所需的营养成分含量极低，植物便通过捕食昆虫来获取必需的营养。

**可怕的特异功能：**

有些食虫植物看起来很漂亮，比如澳大利亚粉红衬裙草就像粉红的小衬裙一样。（多漂亮呀！）但如果一只虫子不小心爬了进去，就等于掉进了坟墓，会被活活地消化掉。

你裤兜里有蚂蚁吗？

没有，我把虫子装在衬裙里了！

49

## 失去的午餐休息时间

假设有一座壁立千仞的山峰高达2700米，又高又陡，结果大瀑布奔腾而下，瀑布撞击地面时形成的水汽使山顶消失在茫茫云雾中。这就是南美洲神秘而邪恶的罗赖马山区，山里面到底藏着什么阴森可怕的秘密呢？

一位英国植物学家决心去寻根探秘。他是个有勇无谋的人，名字叫埃弗拉德·伊姆·修恩（1852—1932）。他在当地政府任职，闲暇时间从事植物学的研究工作。下面就是他的日记（当然，也有可能并不像他写的那样）……

**埃弗拉德日记**

**1884年**

第一天

真幸运！我在斜坡上发现了一条通往罗赖马悬崖的小路，哦，这里有点滑，绝对不能往下看。悬崖高2744米，我这样做到底值不值？我可有恐高症！

第二天

天气糟透了，下着瓢泼大雨，但我总算爬上来了。是的！我现在已经站在山顶上了，会发现什么呢？一定会很惊险，也许周围有恐龙出没！让我先散散步吧。哇！到头了。

这里每块岩石上面都覆盖着又黏又滑的黑藻，岩石上有一条深达30米的巨大裂缝，我差点就掉了进去。

这里的岩石奇形怪状，有些像蘑菇，有些像破败的寺庙。我竟然发现一块岩石像我以前的科学课老师！着实吓了我一大跳！而雨始终下个不停。

第三天

早晨，仍然下着雨，我发现一个直径只有几厘米的小水坑，只够洗……当我意识到时，已经太晚了，原来那只是一株凤梨。这种植物可以靠叶子吸水形成一个水坑（有很多这样的植物，而雨还在下）。总而言之，这种植物的与众不同之处在于，它用叶子围成的水坑里有很多能够帮助消化的汁液和死去的昆虫，所以看上去像是植物正在吃淹死在水里的虫虫。哇！我得回去把这件事告诉朋友们。

下午，雨仍旧下个不停。我重新仔细观看凤梨制造的"水坑"，观察在"水坑"中生活的小植物和小动物。不知什么原因，它们并没有被消化掉。这些小植物是狸藻，它们正把小动物吸进叶子里的小口袋，并将它们逐渐消化掉！这是生活在食虫植物中的食虫植物，这个地方太怪异了。真不可思议！可惜我已经湿透了。

### 第四天

唉！雨还在下。看上去我像是在偶然间发现了一种新的

囊状叶。有点像凤梨。它把昆虫困在囊状叶形成的小水坑中，让虫虫自己烂掉。当然，这种囊状叶的形状和凤梨的叶子完全不同……

我猜想，囊状叶子是以腐烂的昆虫尸体为食的，这真让人难以置信，后来……

我感觉很不舒服，不过别以为这是囊状叶引起的，我想应该是雨淋造成的吧，我肯定是感冒了，阿嚏！

真难受，我得回家了……

食虫植物看上去似乎十分神秘，是吗？我是想说，它们究竟是如何捕食猎物的？这些残忍的食虫植物下一步又要做什么？你有勇气读完下面所有令人毛骨悚然的事件吗？继续吧，你肯定想了解全部的秘密……

## 食虫植物秘闻

### 毛毡苔

世界各国均能找到。

毛毡苔的捕食昆虫手法……

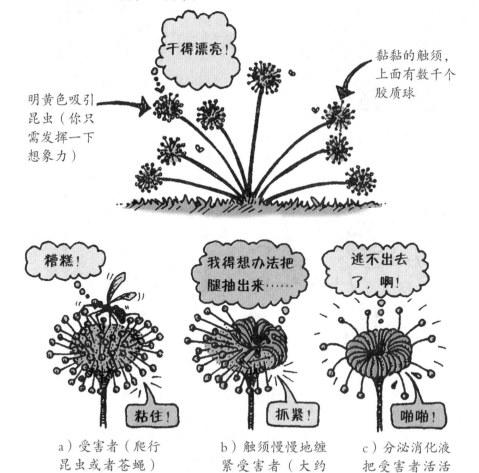

a）受害者（爬行昆虫或者苍蝇）被胶球粘住

b）触须慢慢地缠紧受害者（大约要花两天时间）

c）分泌消化液把受害者活活溶解掉

## 水车草

发现于欧洲、澳大利亚和非洲。

水车草生长在池塘内并以池塘内的微小动物为食。

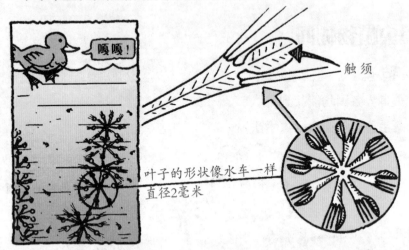

触须

叶子的形状像水车一样
直径2毫米

下面是水车草捕食昆虫的过程……

a）闯入者两次触到触须

b）叶边合上将闯入者困住

c）闯入者的体液
都被植物吸收——
闯入者被消化掉了

## 囊状叶植物

发现于美国、南美洲和澳大利亚。

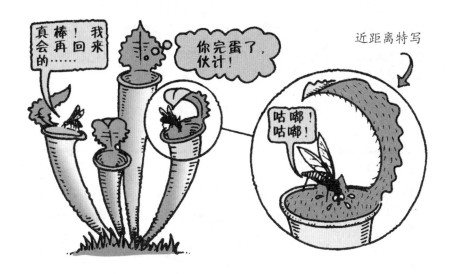

下面是X光片，使你可以了解内部发生的事件⋯⋯

## 眼镜蛇百合花

发现于美国。

这种花的样子看上去像是一条正准备袭击人的眼镜蛇。愚蠢的小昆虫会爬进"蛇"的"嘴巴"，它们没长脑袋吗？（植物学家认为这种花阴险的外表只是一个巧合，其实它们并非要把饥饿的动物吓跑。）

下面是一张眼镜蛇百合花猎食的X光片……

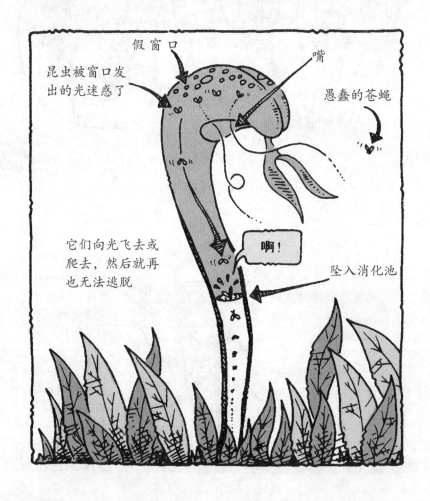

此外，还有一种食虫植物，外表看上去就如同一片美丽的小雏菊……

## 维纳斯捕蝇草

别慌！在花园里你是找不到维纳斯捕蝇草的，因为，它们只生长在美国北卡罗来纳州和南卡罗来纳州的沼泽地里，下面就是它们捕捉猎物的过程：

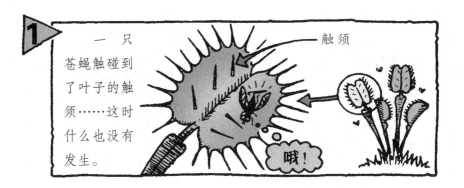

**1** 一只苍蝇触碰到了叶子的触须……这时什么也没有发生。

触须

哦！

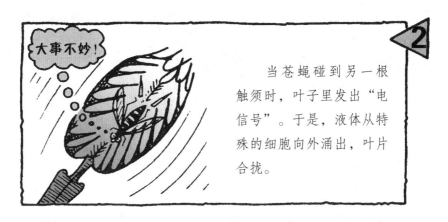

大事不妙！

**2** 当苍蝇碰到另一根触须时，叶子里发出"电信号"。于是，液体从特殊的细胞向外涌出，叶片合拢。

**3** 半秒钟后，叶边缘的刺便会闭合起来把昆虫抓住。这种植物的叶子看起来像一对上、下颚，于是叶子就这样"咬"住苍蝇了。

我要妈妈！

咬住！

苍蝇被紧紧地锁在叶子里长达半小时之久，然后，苍蝇会被活活地消化掉！这棵凶猛的植物得用上两个星期才能完全把"战果"吃掉。这种"捕蝇草"有时甚至能捉到黄蜂之类的大昆虫。

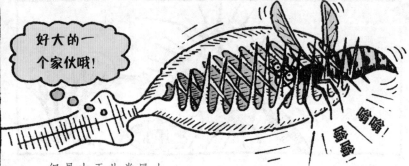

好大的一个家伙哦！

嗡嗡！嗡嗡！

但是由于此类昆虫太大，难以消化，"捕蝇草"耗尽了消化液。而细菌在吃完昆虫尸体的同时也把叶子弄死了。但捕蝇草仍能活下来，等待下一次捕猎机会的到来。

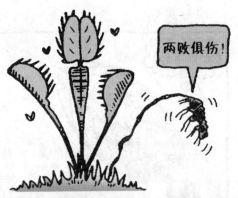

两败俱伤！

## 你肯定不知道！

博物学家查尔斯·达尔文（1809—1882）对维纳斯捕蝇草非常着迷。在19世纪70年代，他用这种植物做了一系列的实验，结果证实捕蝇草确实吸尽猎物的汁液，进而完全消化掉猎物的肢体。捕蝇草的进食习惯虽然令人作呕，但达尔文却认为捕蝇草是世界上"最美妙的植物"。

# 食虫植物用途小测验

在世界上，人们都知道食虫植物有时也能有大用途。但哪些用法是正确的，哪些用法又是错误的呢？

1. 在葡萄牙和西班牙，人们习惯用葡萄牙毛毡苔来捕捉苍蝇。毛毡苔会发出甜甜的气味吸引家里嗡嗡叫的苍蝇。苍蝇一爬到那黏黏的叶子上便会被上面的黏液覆盖住，不久，便无法呼吸，挣扎着死去。

正确／错误

2. 在欧洲的很多地方，捕虫堇（一种黏叶植物，捕虫方法与毛毡苔大致相同）常被用来捉床上的小虫子。

正确／错误

当床上布满寄生虫的时候，我会睡得更舒服。

3. 你也可以用捕虫堇来使牛奶凝结。这种植物的汁液能使牛奶变成一块块海绵状可供食用的凝乳。（注意，别错把叶子也吃了！）

正确／错误

4. 喇叭囊草这个名字的由来是因为它可以当喇叭吹。在17世纪，音乐家就把干喇叭囊草当成一种街头乐器来演奏。

正确／错误

5. 用毛毡苔叶上挤出的汁液来医治鸡眼和肿瘤是一种传统的治疗方法。你只要把汁液涂在鸡眼或肿瘤上，它们就会像变魔术一样地消失了。

正确／错误

太好了！鸡眼和
肿瘤都不见了！

**答案**

　　1. 正确。毛毡苔的每根触须可以捉3只苍蝇，但触须也会随之死去。

　　2. 正确。人们把捕虫堇的叶子放在床单之间。但这样恐怕你会做噩梦的……你想，垫着食虫植物睡觉你怎么会舒服呢？

　　3. 正确。只要将叶子放入牛奶里便可以做出美妙的海绵状凝乳。这是斯堪的那维亚拉普人的吃法。

　　4. 错误。

　　5. 正确。但单调乏味的科学家们则认为这种方法不可行，只不过是妇人们老生常谈的故事而已。

　　现在，有一个使用食虫植物的方法，这法子既真实又吓人。如果说一些植物学家由于喝了一棵捕虫草分泌的黏液而醉倒，你会相信吗？但如果你乐意尝一口——下面就教你怎么做……

## 调制捕虫草鸡尾酒步骤

1. 选一棵（大小均可）囊草。

2. 加入以下材料：

▶ 强消化液，可以溶解鸡蛋和肉类。

▶ 20~30只没有完全消化掉的昆虫尸体。

▶ 几十万小水藻。

▶ 几只虫子。

▶ 几只蝌蚪。

▶ 一群红蜘蛛。

（以上后4项可生活在水中而不会被吃掉。）

3. 充分搅拌后放置几天，加热服用。

# 捕虫草鸡尾酒吧

**捕虫草鸡尾酒消暑解渴——全体职员倾情为您奉献！**

捕虫草鸡尾酒品种齐全，酒香四溢，服务快捷，热情周到。几小时内，您就可品尝到由独家秘方配制而成的小蚊鸡尾酒。本酒略带酸味，能被身体彻底吸收。

 提供加热的新鲜鸡尾酒，外加少许酸汁。

 捕虫草花色品种多样，有60余种——如朱红色玻璃塞圆酒瓶形、高脚香槟玻璃杯形等。

 标准容量为2升。

 王公瓶草——可与朋友分享（达3.5升）。有普通味和老鼠味两种（幸运的话，您还可在瓶底发现一只美味老鼠的残骸）。

吊袋式捕虫草

喇叭形捕虫草

澳大利亚捕虫草

来一杯喇叭捕虫草"小蚊和老鼠"鸡尾酒……加冰块。

科学家有话要说……

英国博物学家阿尔弗莱德·沃雷斯（1823—1913）曾说过：

我们发现这东西味道不错，尽管有点烫，但是这些天然水罐让我们大家都解了渴。

美国人保罗·扎尔，《美国国家地理》杂志的工作人员，在20世纪60年代的一次探险活动中也曾经喝过这种植物的水。

虽然喝起来温乎乎的，但味道不错。

不过他也说过不喜欢最后那点儿黏黏的东西。你想来两口吗？

### 你肯定不知道！

　　美国南部有一种喇叭捕虫草高约90厘米，是一种绿色小青蛙的家。这种青蛙整天都隐藏在那里等着昆虫掉进捕虫草的底部，粘在那些恐怖的黏液中。这时候青蛙就用黏黏的长舌头把那些倒霉蛋吸上来。不过，有时候青蛙自己也会不小心失足掉进去，结果连自己也被吃掉了。而对捕虫草来说，这只青蛙就像是10顿圣诞节晚餐凑在了一起！

## 就餐陋习

你想和食虫植物一起分享你的家吗？千万别干这种傻事，你一定不会吧！

## 紧急健康警告！

如果你敢在吃饭的时候大声读出这部分内容，那么你100年都别想得到生日礼物或新年礼物了！

1. 蛆能够在捕虫草的致命黏液中生存下来，它们依靠里面的昆虫尸体为生，而且仿佛对这个家非常满意。在其他的植物里这种蛆会被更大的蛆吃掉。

2. 捕虫草对这些寄宿者并不介意，实际上，寄宿者的好多非常恶心的粪便里含有丰富的肥料，能为植物提供养分。而且蛆还可以使捕虫草保持干净、整齐，因为它们吃掉了昆虫的残骸。

3. 连在一起的两株捕虫草更具有优势，可以为蚂蚁提供一个小小的舒适"房间"。蚂蚁能把捕虫草的猎物吃掉一些，但有些昆虫还是掉进了小水坑里。而当那些可怜虫被切碎的时候，就更容易被消化掉了。

4. 有些奇特的种子也吃小虫子。听起来不可思议吧？看看下面的内容吧！荠菜种子经水浸泡会不断膨胀，致使表面破裂开来，里面是一层胶状的物质，能够将飞进种子里的小虫全都粘住，并且慢慢地将它们消化掉。通过不断地吸收这些养分，新的幼苗也就不断地生长出来。

5. 最让人惊讶的是食虫植物并不是非得吃掉那些小虫不可！即使不吃虫子，食虫植物也死不了，最多不过停止生长罢了。

植物的确对小虫有很大威胁，反过来，小虫对植物也是一样。注意哟！当你读到下一章内容的时候会发现植物自身变成暗绿色（如果你害怕，那就在头上套个废纸篓，这样就不会引起别人的注意啦）。

继续读吧……这可是自找麻烦呀！

# 搏杀中的植物

你也许认为做植物很容易，可事实上并非如此。它们的生活十分艰难，而且很可能随时会被谋杀。即便是在一片安宁的丛林里，生活也是一场为了生存而进行的漫长而艰难的战斗。这一点随处可见，仔细观察一片叶子你就会发现成群贪婪、恐怖的虫子和肮脏无比的真菌。

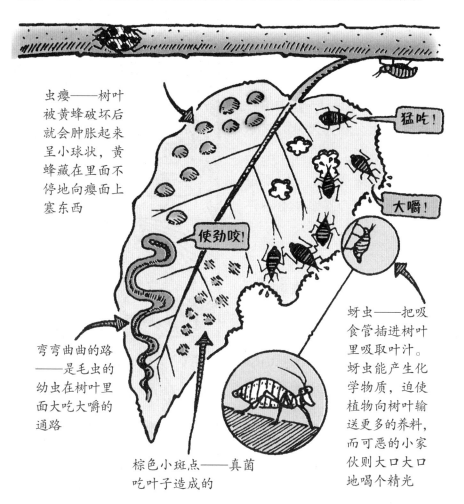

虫瘿——树叶被黄蜂破坏后就会肿胀起来呈小球状，黄蜂藏在里面不停地向瘿面上塞东西

猛吃！

大嚼！

使劲咬！

弯弯曲曲的路——是毛虫的幼虫在树叶里面大吃大嚼的通路

棕色小斑点——真菌吃叶子造成的

蚜虫——把吸食管插进树叶里吸取叶汁。蚜虫能产生化学物质，迫使植物向树叶输送更多的养料，而可恶的小家伙则大口大口地喝个精光

65

## "死亡丛林"小测验

如果让你当一株植物，你可能会想，哈！那是多么舒服呀！整天待在泥土里等着雨水的降落和阳光的普照。你觉得它们什么也不用担心吗？那么看看下面的内容吧！在植物王国里，生活就意味着接二连三地战斗，为了生存，它们有时候不得不采用一些卑鄙的手段。

好吧，现在有一个机会让你变成一株植物，看看你能不能活下来！时刻提醒自己——为生存而战斗！你会看到凶狠的蜗牛和昆虫入侵者，还有狡诈的毛虫。你准备好了吗？一定要记住哦，不许偷看答案，更不许后悔！

## 你能在"死亡丛林"中生存下来吗

1. 当心！来了只凶恶的、黏糊糊的大蜗牛，它正在你的叶片下面不停地磨着双颚呢！你该怎么办？

啃！

狂吃！

爬！

慢慢切碎！

嚼嚼！

咬烂！

猛嚼！

大吃！

锉！

希望咱们到的时候还能有点儿剩的！

ａ）在树叶下面分泌出湿滑的黏液，蜗牛就会从叶片上滑下去。

ｂ）在叶子下面长些刺，这样就可以痛痛快快地把那些家伙像串肉串一样串起来。

ｃ）不用管，让它吃，也别叫疼！反正它不会吃光你的叶子，剩下的还可以再长嘛。

2. 残忍的毛虫正在啃你的叶子，如果不阻止它的话，它们将会活活地吃掉你。该怎样对付这帮家伙呢？

ａ）抛弃那些受损的叶子——那些叶子上可能有可恶的毛虫呢。扔得好！

ｂ）长出超厚的叶子。这些叶子非常非常厚，以至于毛虫没办法咬透。

ｃ）排出一种气体。那是一种发给黄蜂的求救信号。

3. 你被彻底包围了！到处都是想吃掉你叶子的昆虫，你不得不组织一批自己的军队来打败那帮家伙！那么什么动物是最合适的候选人呢？你最好现在就决定下来！

ａ）蚂蚁——攻击武士。

ｂ）土鳖——防卫武士。

ｃ）老鼠——超大型武士。

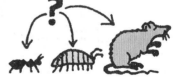

4. 行动阶段——危险！一只令人讨厌的饥饿的兔子正在袭击你的叶子！你怎样把它赶跑呢？

a）迅速长出一根卷须！卷须随风摆动，把毛茸茸的怪家伙吓跑！

b）突然开花，把兔子吓跑。

c）反击，刺兔子的鼻子。

5. 想想遇到下面这种情况你会怎么办。昆虫在你身上产了一些虫卵，而这些卵就像是在滴答作响的定时炸弹。因为一到春天，这些卵就会变成小虫子，把你嫩绿的叶子作为美食。你打算怎么办呢？

a）春天不长新叶子。

b）在特别早或特别晚的时候才长出新叶，这样小虫子就不知道应该何时出世了。

c）在新叶里分泌毒素。

6. 来自空中的危险！一群蚜虫正朝你飞来，喝你叶子里的汁液来了。你只有很短的时间进行还击，快，怎么办？

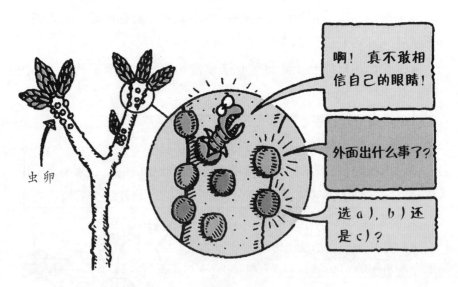

啊！真不敢相信自己的眼睛！

外面出什么事了？

选 a），b）还是 c）？

虫卵

a）把更多的汁液输送到外层叶子中去，蚜虫就会到那里去饱餐，然后你设下埋伏。

b）往蚜虫正在吃的叶子里多加些汁液，这样蚜虫就会喝到把肚皮胀得鼓鼓的，直到最后"砰"的一声肚皮爆裂。这招虽然有点下流，但足够要了它们的小命。

c）把汁液从叶子中抽出，因为没什么可吃的蚜虫就只好飞走了。你猜对了，让它们饿得自动放弃。

7. 更多的虫虫侵略军正向你的躯干发起进攻。这次是甲虫，而且说干就干，它们正把你的叶子咬成碎片呢。你必须得马上行动，不然就没命了！

a）尽量把叶子卷起来，让甲虫困在里面。

b）从叶子上的小孔把水分抽出来，把甲虫冲跑。

c）释放一种像是从雌甲虫身上发出的气体，如果这些甲虫是雄性的话，它们就会离开你而去找那些雌甲虫，这样你就安全了。

答案

1. b）。如果你是一株王莲，你就可以用办法 a）来冲走蜗牛。刺是赶走饿鬼的一种好办法，热带露兜树的剑形叶子上的倒刺能把靠近它的所有动物像肉串一样串起来。就连不起眼的小草都有一种叫硅石的化学物质组成的一片片利刃，这就是为什么粗心人有时会被叶子割伤的原因。

我让你割草，没让你被草割，草包！

2. c）玫瑰就是用这种方法来保护自己的。黄蜂将毛虫抓进蜂巢，在那里毛虫被撕开，当做黄蜂宝宝的可口点心，这会好好教训毛虫们一顿。

3. a）蚂蚁是最理想不过的了，南美蚁树的树干是蚂蚁小小的安乐窝。蚁树以蚂蚁的粪便为养分，蚂蚁会杀死所有接近树干的虫子，这样除了那些不走运的虫子之外双方都获益不浅。

4. c）长有刺毛的荨麻会采用这种方法，它们的叶子上长满了绒毛。只要碰一下这些绒毛，毒液就会流出来。而兔子的鼻子是很敏感的，这些胆小鬼宁愿躲得远远的挨饿，也不愿冒险去碰一下荨麻。实际上，死荨麻（没有刺毛）之所以能够令兔子不敢接近它，使得自己不被吃掉，是因为它们的样子看上去像长有刺毛的荨麻，这是一种巧妙的伪装。

5. b）你得是一棵非常狡猾的橡树才能做到这一点，因为那些虫子是没有办法知道什么时候会有叶子吃的。如果幼虫孵化太快就会饿死。所以，一旦虫子到得太晚，橡树叶就有足够的时间产生毒液来保护自己——所以选 c）也可得半分。

6. a）这是一个阴招儿。高空飞行的瓢虫一眼就能看见叶子上的蚜虫，然后把它们嚼碎了当晚餐，这是它们应得的报应。

7. c）这是黄瓜秧惯用的一个伎俩，可恶的甲虫直奔雌甲虫去了，而狡猾的黄瓜秧却偷着乐了。

现在计算一下你的得分……

对1题得1分。

5—7分。你完全征服了"死亡丛林"，恭喜你！你将成为一棵枝繁叶茂的优秀植物。没有任何东西敢碰你——那些昆虫侵略者一点儿机会都没有。

3—4分。虽然你有傲视群雄的气质，可目前还有点嫩。如果运气好的话你还可以多活两天。

1—2分。你在"死亡丛林"中活不了多久，因为你不够狠——对你来说，还是做人比较容易些。

## 考考你的老师

大声敲教师办公室的门，当老师打开门时，你笑眯眯地问他：

向您报告，您的茶里有鞣酸，您知道它会让昆虫的嘴变成什么样吗？

呃！

### 答案

鞣酸是一种味道苦涩的化学物质，包括玫瑰、橡树、茶树等多种植物中都含有这种成分，能够保护植物免受蚜虫侵害。鞣酸能使蚜虫的嘴粘上，这样蚜虫就会饿死。虽然鞣酸会使茶水有点苦味但不会粘住人的嘴巴——你失望了吧，要是鞣酸真能把你老师的嘴给粘上，那每次喝完茶后他就有口难言了！

### 你肯定不知道！

这些植物除了要面对以上各种问题，还有可能遭受病毒的侵袭。这些病毒比细菌还要小，和那些让你得流感的病毒是同类。植物感染病毒是由于一些饥饿的虫子，比如蚜虫的侵害，但染上病的植物不会鼻塞、流鼻涕或打喷嚏——太难受了。如果黄瓜秧受到诸如马赛克叶病毒的侵袭，叶子就会褪色并死掉，这是无可救药的致命疾病！

更有甚者，一些邪恶阴毒的植物喜欢把所有妨碍它们的植物都当成美食——吃掉，这些植物才算是真正的狠毒！

# 我所掌握的植物恶棍

## 园林总检察长的案件卷宗

每当我看到这些案例都会为这些植物恶棍的凶残暴行所震惊。很显然，植物王国不能容忍这样的恶棍存在。

## 无花果

**最后行踪**：南美洲。

**已知罪行**：勒死树木。

有一天，我发现了一棵处于成熟期的树木的枯干，我马上断定这是一起凶杀案，很快，调查结果证明我是对的。通过细致的勘查，我发现这棵树死于窒息、缺水和光线不足。很显然受害者没有机会逃跑或躲藏。

作案手法：邪恶的无花果树首先攀上受害者，然后将自己的树枝缠绕在受害者的树干上，越缠越紧……

5年后，无花果树的根伸到地下，开始截取受害者的水源。这是一种极其恶毒的生长方式——哦，去它的吧！

## 菟丝子

最后行踪：遍布世界各地。

已知罪行：谋杀无数。

作案手法：菟丝子通常先在底层树丛中徘徊，大概是在等待时机，然后没有任何警告就悄悄地用卷须缠住选定的受害者，卷须同时还从多处刺入受害者体内，吸干受害者内部的营养物质。真是令人发指的罪行！

## 尸体花（绰号印度烟斗）

**最后行踪**：潜藏在美洲西北部的森林里。

**特征描述**：颜色像鬼一样苍白，外形如死尸，身高25厘米。

**已知罪行**：屡屡用根无端袭击毫无恶意的地下真菌，吸干它们的汁液。

**作案手法**：我的调查显示，尸体花利用根部黏稠的液体能够很容易地将真菌的汁液吸取过来，这个过程是极其自然的，叫作渗透。尽管这一罪行是通过渗透这个自然过程实施的，但是尸体花依然是有罪的，而且罪该万死。

我不得不找出问题的根源所在……

## 圣诞树

（注意：圣诞树的名称源于它总是在圣诞节前后开花。不过公众必须知道，它不是普通的圣诞树，不要在树下放置任何礼物，否则这种邪恶的树会将礼物吃掉。）

**最后行踪**：澳大利亚西部。

**特征描述**：是一棵开着橙色或金黄色花朵的树，大多数人都会被其美丽的、天真无邪的外表所欺骗。

**已知罪行**：其根茎追逐并侵入其他植物的根茎。

**作案手法**：利用木质根尖插入其他植物的根部，然后将其他植物的根吸收到的水分吸入自己的体内。

**注意**：这种手段极具危险性，接近此树时应格外小心。据悉，圣诞树的根茎甚至骚扰过埋在地下的电话线。

## 杀手黄瓜的秘密日记

现在，你可能会认为，当面对某一凶残的植物杀手时，其他植物应把身体卷作一团等死。因为它们丝毫没有防卫能力，是吗？那可不一定！有些植物会奋起还击。就拿我们在前面提到的黄瓜来说吧，黄瓜秧看上去丝毫不具有伤害性，可外表往往具有欺骗性。假设黄瓜写了一本日记。好，现在就需要展开你丰富的想象力了。

日记可能是这样写的：

### 春天——4月

真不要脸，园丁把我种在温室外面就走了，让我紧挨着这些霸道的天竺葵。我想要重新回到那温暖舒适的温室里。

啊！

该死的家伙！

两天后……

天竺葵想欺负我，它们用根不停地向我释放毒气，幸好这些气体对我并不能构成伤害，这全要归功于我根部里那不可思议的化合物，这种化合物可吸收毒气并为我所用。

但我始终咽不下这口气！我要用我的根把它的气体全部吞掉！这样就能整死它！

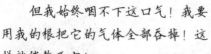

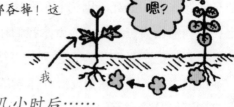

### 几小时后……

现在，报仇的时候到了，我把收集到的天竺葵释放的毒气变成一种更加致命的混合物，再以其人之道还治其人之身。

### 两星期后……

我讨厌西红柿看我的样子，它们的根从土壤中吸收了太多的水分，是制止它们的时候了。

敌人

### 3小时后……

得教训它们一下，土壤中满是微小的线虫，这帮小丑八怪！土壤对线虫来说太干燥，使它们无法活动，因此，它们这会儿正在睡大觉呢。不过，我会释放毒气把它们熏醒的，它们不喜欢这种毒气，所以就会拼命地往西红柿那边爬。对，爬过去，你们这帮家伙。

**3个星期后……**

西红柿蔫了下来，变得垂头丧气，天竺葵也不例外。太棒了，我胜利了！现在，我可要以最快的速度生长了。

**又过了3个星期……**

我又长高了一些，我需要顺着什么东西向上爬，以免摔倒。这些西红柿秧正好可以帮我，我只需伸出一根卷须就可以了……

**3天后……**

现在我要不停地爬呀爬……

去吧，哈！

哎哟！

# 你敢不敢试一试如何使植物向你袭击

需要的物品：

▶ 足够的勇气。

▶ 豌豆苗、黄瓜秧或其他长卷须的植物。

▶ 一支铅笔。

需要怎么做：

用铅笔轻轻地捋植物卷须的尖端。

发生了什么？

a）卷须将铅笔缠住并将其折成两截。

b）卷须猛地缩回去。

c）卷须慢慢地弯曲。

c）卷须正在做缠绕铅笔的准备，它会误以为铅笔是另一株植物的茎。用不了几个小时，卷须就会像电话听筒的卷线一样缠绕住铅笔，促使整棵植物向铅笔靠拢。

## 紧急健康警告！

不要在此长时间逗留，因为如果你在附近徘徊几天，豌豆卷须或黄瓜卷须就可能会缠住你的脖子，就像它们缠住附近的植物那样。快逃吧，晚了就来不及了！

### 你肯定不知道！

植物有一种自我保护的好办法，那就是产生毒素，这样它们就不会被昆虫或其他动物吃掉了。你喜欢清凉、清新、清爽的薄荷清香味道吗？其实，这种使你感觉清凉的物质实际上是叶子中含有的一种有毒物质，它会刺激你的神经，当然，它还不足以对你造成伤害，只是你舌头上的神经能感觉到凉凉的，这样你吃到嘴里的东西也就有清凉的味道了，可以令你神清气爽。不过对昆虫来说，这些化学物质就成了致命的毒药，足以要了它们的小命。

# 有毒植物的喜怒哀乐

**坏消息**

有些植物体内的毒素对人体伤害很大，甚至能置人于死地。

**好消息**

大多数植物体内的毒素都是为了驱赶昆虫，对人类没有害处，而有的少量毒素还对人有益，可制成药品。

加拉巴豆属植物曾被用于审判。被告被迫吃下毒豆，如果死了就说明他有罪，如果安然无恙则说明他是清白的。当然，豆子并不真的能断定你是否罪有应得，关键在于当你把它吞下去之后，是否能在其毒性发作之前再把它吐出来。

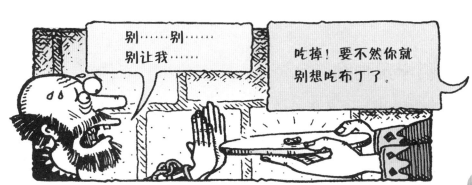

别⋯⋯别⋯⋯别让我⋯⋯

吃掉！要不然你就别想吃布丁了。

曼德拉草的根是有毒的，因为它的形状有点像人，所以曾有许多迷信的荒诞说法。其中一种说法是曼德拉草根被挖出来时会大声尖叫。古罗马人曾利用狗挖曼德拉草根，因为他们认为，人一旦听到它的叫声就会立即死去。

茄属植物"天仙子"名字的含意是"美若天仙"。妇女过去常把其中的毒液滴入眼中以放大瞳孔（即眼睛中间的黑眼仁儿），她们觉得这样更漂亮。你自己千万不要在家里试！这种液体说来奇怪，直到现在做眼科手术时，医生还会向眼中滴入一小滴这种液体来放大瞳孔，以便检查。

一般漂亮　　　非常漂亮　　　死去

马钱子碱毒是从马钱子树的树皮和树根中提取出来的，美洲印第安人曾把它涂于箭头，被这种箭射中的人或动物几秒钟便会毒发身亡。说来奇怪，做内脏手术时用少量马钱子就能使病人的肌肉松弛下来。

要是谈论有毒的植物性药物，威廉更有资格……

## 科学家画廊

*威廉·威瑟林（1741—1799）国籍：英国*

威廉很富有，但脾气暴躁，生活单调乏味。他本来是一位医生，可却爱好植物学。1776年，他完成了一部长篇巨著，书中对几百种英国植物进行了描述（威廉的其他业余爱好还有喂狗和吹笛子，但这些与我们的主题无关）。

威廉在科研上有许多志同道合的朋友，他们常常在月圆之夜聚到一起讨论，还自称为"月亮协会"。这种做法非常明智，他们可以借着月光往家走，但是，当地人都称他们为"怪人"，因为他们的想法都非常古怪、离奇。

威廉自己就有很多怪想法。比如，他坚信毛地黄中的毒液可以治愈水肿。毛地黄花很小，呈漂亮的粉色，高约1.5米。毛地黄花还被称为"血腥的手指"和"死人的丧钟"——就因为毛地黄含有剧毒。那么剧毒又怎么能当药用呢？下面便是威廉的重大发现。

一天，他给一位患水肿的老妇人看病。"我很快就会好的，"老妇人乐呵呵地说，"多亏了这药茶秘方。"

出于礼貌，威廉没有说出"那真是一堆废物——恐怕你很快就要命丧黄泉了，我亲爱的老太太。"

不过他可能也只这样想想，因为在当时，水肿病患者极其痛苦，病人的下半身肿胀得厉害，而那时还没有一种治疗这种病的药物。

可没想到过了一周，老妇人竟然可以在屋里自由走动了，接着还做了一点清扫工作。威廉大为震惊，于是买回这种奇妙的茶进行进一步研究。

想来杯茶吗，威廉先生？

他发现茶中起作用的是毛地黄叶，少量服用还不至于使病人中毒。于是，他又试探性地给另外几位病人饮用了毛地黄茶，他注意到一位特殊的病人，一位得水肿的退休建筑工人……

现在只有两个小小的问题……

1.经过治疗的患者心跳加速，而且总想撒尿。

2.用药过量就会死亡。著名的受害者之一是前首相查理·詹姆斯·福克斯（1749—1806），他就是因为使用毛地黄治疗不当而去世的，可以说"医生多开了毛地黄，首相就要上天堂"。

他的肚子消肿了，不到10天就食量大增。

1785年，威廉著书介绍毛地黄，此后，才有越来越多的医生使用这种药。如今，有一种由毛地黄提取而成的药物"洋地黄制剂"，常常被用于治疗心律不齐。有了这种药你就幸运了，因为当你阅读下一章时你必须心脏健全，要知道，那里所描写的罪恶勾当足以使你脉搏加快。

那可真是名副其实的罪恶昭彰……

# 污秽的  菌类植物

如果说植物是凶恶狠毒的，那么真菌可以算得上是穷凶极恶了。事实上，唯一对真菌情有独钟的就是喜欢品尝它们的美食家和乐于研究它们的植物学家。

你还没研究完吗？我快要饿死了！

你怎么认为呢？真菌真的如此恶毒吗？没错，的确如此。接着读下去，你就会发现其中的秘密……

## 形形色色的植物档案

名称：真菌

基本情况：

1. 其实不属于植物。它们无茎、无根，也不通过光合作用吸取养料。

2. 与植物不同，真菌不含纤维素（记住，纤维素是粗粮里所含的物质）。相反，它们

由角质素构成。真是无巧不成书，这也是构成昆虫上下颚的化学物质。

**作案手法:**

真菌通过下列途径获得食物:

1. 将食管也就是菌丝插入食物中。

2. 分泌一种能溶解食物的酸。

3. 吸取汁液。有时，食物是活生生的植物或动物。有时，植物也会奋起抵抗，如果它们觉察到这种酸，就会长出粗根与厚叶，这样菌丝就难以插入其中了。

# 你敢不敢试一试自己种真菌

需要的物品:

▶ 一片白面包

▶ 少量水

▶ 一个干净的塑料袋

需要怎么做:

1. 往面包上洒上少量水至微湿。

2. 把湿面包装入塑料袋并封紧。

3. 在温暖的地方放上两三天。

发现了什么?

如果一切正常，你会发现面包上长出一些灰绿色的真菌。说说是什么促使它们长出来的?

a）面包。

b）塑料袋。

c）塑料袋中的空气。

**答案**

只能是c）。因为你会发现真菌是从孢子生长而成的，而且无处不在，所以很有可能是装入袋子的空气里含有这些孢子。扔掉塑料袋，千万别打开——你不会希望真菌侵入到你的午餐盒里吧？

## 你想知道又怕知道的真菌问题

1. 真菌通过制造孢子来扩散，这些孢子只不过是由单细胞组成的小斑点。

2. 许多真菌能生长出一种奇怪的物质，以便传播孢子，我们称之为伞菌。

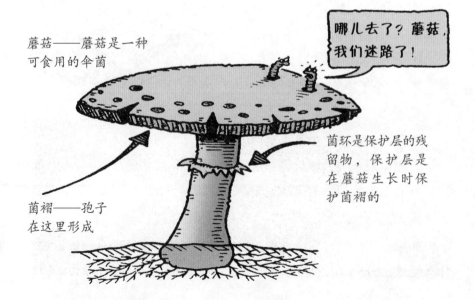

蘑菇——蘑菇是一种可食用的伞菌

哪儿去了？蘑菇，我们迷路了！

菌环是保护层的残留物，保护层是在蘑菇生长时保护菌褶的

菌褶——孢子在这里形成

3.孢子无处不在。实际上，每0.76立方米的空气里至少就有10 000个孢子在游动。它们生命力极强，不妨来看看它们能生存的环境……

▶ 沸水。

▶ 严寒的天气。

▶ 在海里漂浮。

▶ 可以和喷气式飞机飞得一样高。

4. 真菌能够制造大量的孢子，有些蘑菇在几天内就能够制造100亿个孢子。但那还算不了什么，巨大的马勃菌可以向四周膨胀2.64米。从远处看，你会将它误认为是一只大死羊。马勃菌在不到3个月的时间就能够制造7万亿个孢子。如果你不信，那就亲自数数看。

科学家计算过，如果每个孢子长成一个马勃菌，所有的马勃菌继续生长——地球将会膨胀成一个大小为原来800倍的"巨型马勃菌"！幸好目前你并没有看到这种情景，地球并没有那么庞大，因为大多数孢子并不生长，它们或是跑错了地方或是被其他的微生物吃掉了。

5. 真菌在吃这方面从不挑三拣四。恰恰相反，它们对任何食物都是来者不拒。不同种类的真菌可以消化：

▶ 汽油。

▶ 牛粪*。

▶ 照相机镜头。

▶ 塑料。

★这种臭烘烘的真菌孢子能够在草地里"泛滥"生长，牛吃了带这种真菌孢子的草后，最终将其孢子连同粪便一起排出体外，而新的真菌又以粪便为美食。

看看它们是否能组成一份学校午餐？

6. 有些凶猛的真菌甚至能捕食动物，然后把它们吃掉。一种生长在地下的真菌能制造小环，它同时还能制造出一种化学物质来引诱土壤中被称为鳗形虫的小动物钻进这些小环中。

随后，这些小环会开始膨胀以便将鳗形虫捕获。当捉到猎物后，这种真菌会将菌丝插入受害者体内生长并吸干里面美味的汁液。

## 你能成为植物学家吗

你正在树林里散步，忽然发现一个小巧的圆圈——一圈伞菌。你知道它是怎样形成的吗？

线索——它不是仙女种的。

它不是用来给青蛙王子们当凳子的

a）伞菌是被动物种下的，形成一个圆圈则纯属巧合。

b）当地下菌丝从单孢子扩展开来时，这个小巧的"圆环"也同时向外生长扩展。

c）这个小巧的"圆环"向内部生长，这些真菌能辨别相互之间的位置，为了保护自己，它们努力地挤在一起。

### 答案

b）圆环越大，真菌就越老。我敢打赌你肯定不知道地球上最大的生物就是真菌。科学家曾于1992年在美国华盛顿州发现了一株蜜真菌，面积足有600公顷——有556个足球场那么大！科学家推测这株真菌的年龄已经超过700岁了。

这让我感觉自己仍很年轻！

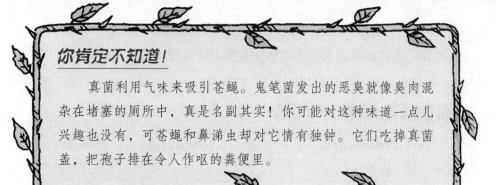

**你肯定不知道！**

　　真菌利用气味来吸引苍蝇。鬼笔菌发出的恶臭就像臭肉混杂在堵塞的厕所中，真是名副其实！你可能对这种味道一点儿兴趣也没有，可苍蝇和鼻涕虫却对它情有独钟。它们吃掉真菌盖，把孢子排在令人作呕的粪便里。

其他生活在阴暗环境中的真菌包括：

▶　臭气熏天的伞菌，像煤气一样发出恶臭。

▶　红菇菌，发出烂鱼一样的臭味。

▶　一种牛肝菌。一位科学家说，他一闻这种菌就呕吐。

## 形形色色的植物学术语

它会要了你的命吗？

**答案**

不会。这只是一个文雅的医学术语，指的是脚气。当真菌在脚趾间生长时，这部分皮肤就会发痒，成片脱落。脚气可用药膏治疗，每次洗完澡后应保持脚趾干爽。此外，还有一种讨厌的腐烂真菌会引发被称为霉菌性口腔炎或鹅口疮的疾病，会在人体潮湿的部位长出令人痛苦的白斑。（真烦人！）

# 污秽的真菌

## 有益真菌

1. 被称为"律师假发"的真菌将它的孢子与黑色黏液一起滴落下来，这是制作墨汁的优质原料，虽然有点异味，但在民间曾广为使用。

好的，我要摘点儿当晚饭。

反对，主人！

2. 苍蝇伞菌被认为是一种有效的灭蝇剂，在一碟牛奶中放入一些苍蝇伞菌的菌皮，苍蝇只要一喝就死。但是你也不要摸这类真菌，因为它同样会毒死人类。

3. 40种热带真菌聚在一起，在晚上制造出美妙的灯光效果，它们通过化学反应在夜色中发出阴森森的蓝绿光。没人知道为什么会这样，可能是为那些仅在夜晚活动的昆虫提供一个带上自己的孩子参加聚餐的机会吧。

## 有害真菌

这些真菌生来专门害人……

### 1. 致命的毒伞菌

如果那些对有害真菌知之甚少的蠢家伙误吃了它，那么90%会中毒死亡。毒伞菌的有毒物质能使人的内脏发生水肿，这可不是闹着玩儿的。中毒者会不停地呕吐，直至将体内的水分全部吐尽，肝脏肿大，最后心脏停止跳动。如果你的比萨饼上长出了这种伞菌，立即把它扔掉！

### 2. 麦角菌

这种小真菌生长在潮湿的黑麦上，听起来似乎没什么危险性，是吗？嗯——其实不然。无论谁吃了麦角菌都会出现丹毒型皮肤病的症状，严重的能导致死亡。具体病症有精神失常、呕吐和臀部灼痛、手指和脚趾慢慢溃烂，然后脱落。唉，哪怕只吃一点点麦角菌，你就会遭一整天的罪。*

★ 不必惊慌！你不会在你的黑麦脆皮面包三明治里发现麦角菌，因为，现在黑麦都用专用的化学制剂处理过了，麦角菌已被清除干净了。

## 丑陋的真菌

没有任何一种真菌能在选美大赛中胜出！但有很多真菌都有可能荣获奥斯卡最佳恐怖电影奖！

1. "死人脚"

菌面凹凸不平，呈棕色，开始时生于地下，后来逐渐长出地面，形状奇特，像腐烂的死人脚；带点儿蘑菇味儿，而且吃起来味道也不错，挺让人吃惊的。有人想尝一口吗？

2. "死人手指"

生长于欧洲、北美洲和亚洲的树林中，形状像是伸出土壤的黑色肿块，猜猜它们使人想起了什么？科学家目前尚未确定这种真菌是否可以食用，所以没人知道它的味道如何，也许挺好吃的，让你吮指回味，也许臭得要命，谁知道呢！

### 3. 牛舌菌

生于欧洲、北美洲和亚洲的橡树和栗子树上，形状像伸出树干的牛舌。你猜怎么着，如果把它切掉，切断处会流出红色的液体来。一些勇敢的人尝过牛舌菌后报告说："太辣！"所以，我建议你就叫它"辣舌菌"吧。哈哈！

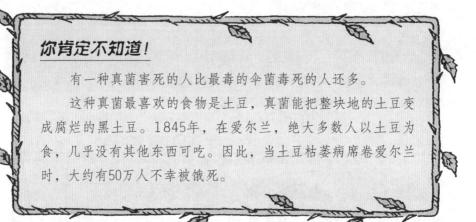

**你肯定不知道！**

有一种真菌害死的人比最毒的伞菌毒死的人还多。

这种真菌最喜欢的食物是土豆，真菌能把整块地的土豆变成腐烂的黑土豆。1845年，在爱尔兰，绝大多数人以土豆为食，几乎没有其他东西可吃。因此，当土豆枯萎病席卷爱尔兰时，大约有50万人不幸被饿死。

## 可食用的污秽真菌

在爱尔兰发生饥荒的那段时期，形势每况愈下，人们只能以刺荨麻、野草和海藻等为食。当然，他们还有一种东西可以吃，那就是真菌。蘑菇就是一种真菌，有些蘑菇味道相当鲜美。嗯，这是千真万确的……

**紧急健康警告！**

不要吃你在野地里发现的任何真菌，除非：

a）你想死！

b）你想精神失常——有些真菌能导致这种后果。

c）你想剧烈地呕吐。

"乐天派"西蒙
埋葬于此，死于
食用有毒真菌

# 食用臭菌

1. 你喜欢喝蘑菇汤吗？在你往下读之前最好先把汤喝完。"蘑菇"这个词其实并不是科学术语，它的意思就是"可以吃的真菌"。在阴暗处生长，以腐烂肥料为食，这就是蘑菇的理想生活。

2. 松露是像煤块一样的地下真菌，味很浓，真难想象有人竟然喜欢吃它。在高档餐厅，松露可是美味珍品，1千克松露的售价竟然超过了1000英镑。最初，松露通常是被吃真菌的猪拱出来吃掉，孢子随猪粪便散落各处。可是如今，以这样的价格，可怜的老猪恐怕只能为饭店找出松露，而自己一点儿也甭想吃到了。

3. 当然，有些真菌迷为了吃一口心爱的真菌甚至会杀人的，杀掉他们自己。就拿假羊肚菌来说吧，它看上去就像一堆屎，生长在欧洲树林中，假羊肚菌本身是有毒的，但如果能先彻底用水煮一下，将有毒物质破坏掉，这种菌就是可以食用的。不过，千万记住别在家里煮啊，孩子！原因之一在于，你找到的像臭屎一样的东西可能并不是真菌。

呃！救命！

假羊肚菌

4. 紫梅奶酪菌长在腐烂的松树桩上，要是你喜欢梅子和奶酪，听起来倒是挺诱人，对吧？实际上，它的名字与味道毫无关系，而是因为它的黄颜色和紫颜色。虽然紫梅奶酪菌可以食用，但味道却和朽木的味道一样。

所以，如果你不得不尝一尝的话，必须事先做好准备。

# 4种不太臭的真菌

你的老师是真菌学家吗？[*]

[*]真菌学家是专门研究真菌的科学家。

如果是，他可能会想办法说服你：真菌其实是友善而可爱的。同时，他还会用这样的事实迷惑你。

1. 有些真菌能杀死有害细菌。1928年，苏格兰科学家亚历山大·弗莱明（1881—1955）注意到一种叫青霉菌的真菌，长在他用来培养细菌的特制实验皿里。弗莱明度假走了，但没有把实验皿清洗干净，结果，青霉菌杀死了实验皿中的细菌。（别想从中找到什么鬼点子——把该洗的碗碟扔在一边几星期不洗，绝不会有什么重大科学发现的！）

2. 弗莱明由此发现了可以杀死细菌的物质"青霉素"。第二次世界大战期间，澳大利亚科学家霍华德·弗洛雷（1898—1968）和生于德国的厄恩斯特·蔡恩（1906—1979）研制出大批量生产这种药物的方法。美国医药公司生产的青霉素也挽救了成千上万士兵的生命。

3. 真菌对植物很有帮助。如果真菌不吃朽木，朽木就会堆积起来，在生长的植物中越积越多，妨碍植物的生长。因为植物不能吃木头——你知道的！这样，真菌可以从木头中吸收宝贵的化学物质，而真菌死去腐烂后，这些化学物质又成了植物和动物的食物。

4. 友善的真菌还可以更直接地喂养植物。大约3/4的植物根部都附有真菌。这些真菌被称为菌根，它们吸收矿物质，再传送回植物的根部。作为交换，它们又从植物的根部吸取糖分。你看，这才是公平交易，双方均从中获益。

在这种轻松的气氛中让我们来欣赏几种花吧。由于是《可怕的科学》丛书，因此，下一章介绍的花也并不都是妩媚动人、芬芳扑鼻的。有些花甚至丑陋不堪、奇臭无比，让你一闻就想吐。所以，开始往下读之前，你可能需要一个衣服夹把鼻子夹上。

感觉好多了！

# 魔鬼般的花朵

说起花儿所包含的意思，总是会把人弄得多愁善感，浮想联翩。

或是写出一些无聊的肉麻诗句来……

但残酷的事实是，没有一种植物是为了讨好人类才开出花朵来的。

由于以下这些原因使植物更热衷于通过开花来吸引昆虫、蝙蝠以及其他小动物。显然，这些植物非常善于用低劣肮脏的手段去达到它们的最终目的——授粉。

## 形形色色的植物档案

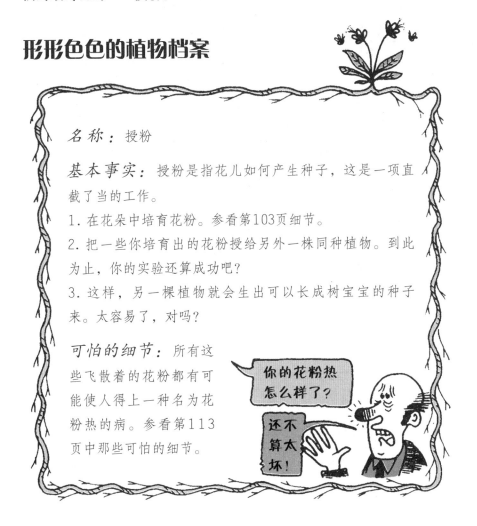

**名　称：** 授粉

**基本事实：** 授粉是指花儿如何产生种子，这是一项直截了当的工作。

1. 在花朵中培育花粉。参看第103页细节。

2. 把一些你培育出的花粉授给另外一株同种植物。到此为止，你的实验还算成功吧？

3. 这样，另一棵植物就会生出可以长成树宝宝的种子来。太容易了，对吗？

**可怕的细节：** 所有这些飞散着的花粉都有可能使人得上一种名为花粉热的病。参看第113页中那些可怕的细节。

你的花粉热怎么样了？

还不算太坏！

## 花朵里面的故事

1. 花儿授粉最容易的途径就是利用风传播花粉。像草和柳树这样的植物会长出羽状柱头来捕捉花粉，然后将花粉从花朵中摇晃出来。

2. 大多数开花植物都会利用动物来传播花粉，不过，首先这些植物必须能够吸引动物的注意力，为此，它们需要引起"公众"的注意，没错，我们正在谈那种令人眼花缭乱的场面：鲜花盛开、五彩缤纷、芬芳扑鼻，就是这种效果！

3. 接下来它们需要用黏黏的花蜜喂饱这些动物。因为这些小动物并不是因为良心发现而替它们传播花粉的，你说是不是？

4. 植物们雇用了数量惊人的动物，像苍蝇、甲虫、蜂鸟和蝙蝠——不错，是蝙蝠（一些热带花朵只在夜间开放，所以只有靠蝙蝠为它们授粉）。

5. 为了让你能够清楚地了解这项工作，我们以这朵可爱的花为例……

把它砍成两半……

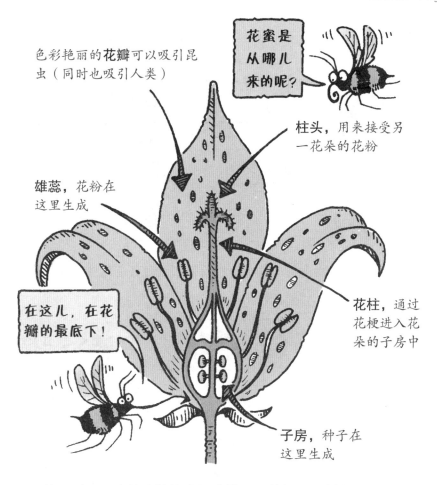

色彩艳丽的**花瓣**可以吸引昆虫（同时也吸引人类）

花蜜是从哪儿来的呢？

柱头，用来接受另一花朵的花粉

雄蕊，花粉在这里生成

在这儿，在花瓣的最底下！

花柱，通过花梗进入花朵的子房中

子房，种子在这里生成

等一下——为什么植物非得这样不厌其烦地授粉呢？

## 为什么植物不自我授粉

是呀，为什么植物不自我授粉呢？事实上，有些花是进行自我授粉的，这样做的确很省事。但是，最好还是用其他植物的花粉，这是因为……

花粉和子房细胞中含有一种化学遗传密码，我们称它为基因。

基因决定着植物的幼苗怎样生长以及将来长成什么模样。如果植物只是自我授粉，那么它的种子就会得到与父母相同的基因密码，将来与父母长成一模一样。

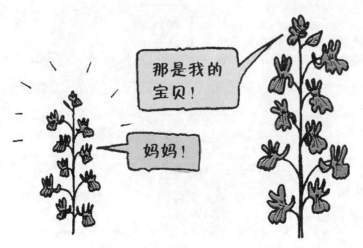

但是，如果植物由另一种植物授粉，它就会具备某些其他植物的特征了。

在植物这个"无情无义"的国度中具有多样性是件好事。这意味着，你的种子在将来也许会长出非常重要的特征，譬如：长出几片尖叶子或是产生一种致命的毒素，把喜欢啄食它们的野兔赶走。

## 植物授粉三部曲

不同植物的花粉其颗粒形状也不一样。当一粒花粉落在花朵的柱头上时，花朵自己会感觉出它是不是适合自己的花粉种类。一些花朵能够分辨出哪些花粉不属于同类，"它们能感觉出"这粒花粉颗粒的形状或者可以辨别出这粒花粉中的化学成分。

没有人完全知道它们究竟是如何完成这项工作的，它们真聪明，对吗？

具体步骤如下：

1. 一根小细管从花粉颗粒中生长出来，一直延伸到花朵的子房中。

2. 一个来自花粉颗粒的细胞与一个来自子房的细胞结合，形成一个单独的超大细胞。

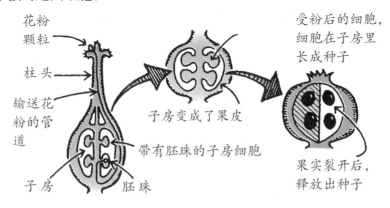

花粉颗粒
柱头
输送花粉的管道
子房
胚珠
带有胚珠的子房细胞
子房变成了果皮
受粉后的细胞，细胞在子房里长成种子
果实裂开后，释放出种子

3. 这个大细胞经过多次分裂后形成植物的种子。够聪明的吧！

**你肯定不知道！**

1. 千万不能过分依赖昆虫，它们总是把花粉授到其他种类的花朵中，花粉只有被授给同种植物后，才会长成种子。

2. 这就是为什么许多花儿只与一种昆虫合作的原因。这些花朵形状特别，只有某种特定的昆虫才可以为其授粉。这样，植物就可以百分之百地确保其花粉被授给相同种类的植物。例如：一种生长在马达加斯加的兰花，花朵有46厘米高，只有一种罕见的长有长舌的鹰蛾才能吸到它的花蜜。

当然，这种飞蛾接下来会继续飞行去寻找同类的其他兰花。

同时，你会发现，为了完成授粉，植物会施展很多邪恶的手段。现在，这里就要为你展示大量的花，不过千万不要轻视这些花。一般的花展展示的都是盛开的美丽鲜花，可是，别忘了，我们讲的可是植物恐怖的一面……

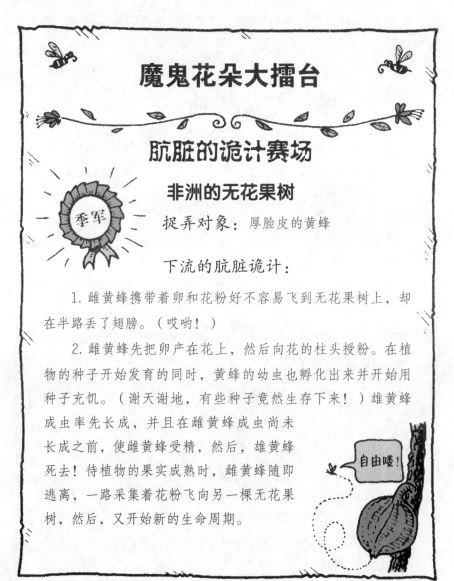

# 魔鬼花朵大擂台

## 肮脏的诡计赛场

### 非洲的无花果树

季军

捉弄对象：厚脸皮的黄蜂

下流的肮脏诡计：

1. 雌黄蜂携带着卵和花粉好不容易飞到无花果树上，却在半路丢了翅膀。（哎哟！）

2. 雌黄蜂先把卵产在花上，然后向花的柱头授粉。在植物的种子开始发育的同时，黄蜂的幼虫也孵化出来并开始用种子充饥。（谢天谢地，有些种子竟然生存下来！）雄黄蜂成虫率先长成，并且在雌黄蜂成虫尚未长成之前，使雌黄蜂受精，然后，雄黄蜂死去！待植物的果实成熟时，雌黄蜂随即逃离，一路采集着花粉飞向另一棵无花果树，然后，又开始新的生命周期。

自由喽！

亚军

# 镜兰
（产于地中海西部）

捉弄对象：绿头苍蝇

下流的肮脏诡计：

1. 这种花会让雄蜂误认为它是一只雌蜂，因为镜兰不仅看上去像雌蜂，就连气味也与雌蜂相同。

2. 雄蜂想给镜兰一个拥抱时，镜兰会将雄蕊突然下垂，把一团花粉打在雄蜂头上。

3. 昏头昏脑的雄蜂随即飞走去寻找另一只雌蜂。但结果往往是雄蜂将花粉授给了另一朵镜兰。

# 死马海芋
## （产于地中海岛屿）

**捉弄对象：**绿头苍蝇

**下流的肮脏诡计：**

1. 看起来就像一堆腐烂的肉，发出一种难闻的臭味。因此，苍蝇以为它们可以在里面产卵，死马海芋甚至给它们提供了一个像空眼窝似的洞，供它们去探险。

排好队跟上，孩子们。

发出的腐烂的臭肉味

2. 当苍蝇卵孵化后，蝇蛆找不到吃的东西，很快就会饿死。

3. 雌蝇一直被困在花中，直到死马海芋的柱头得到了苍蝇身上携带的花粉后，雌蝇才会被放出来，很多苍蝇因此被闷死在这残忍的花朵中（不过公平地说，花也的确给了它们一些花蜜吃）。

4. 只有当苍蝇又沾满了花粉时，花才会放它们出来，以便于它们把花粉带给另一棵死马海芋。

# 魔鬼花朵大擂台

## 特殊造型展区

### 死火山锥植物

（产于南美洲玻利维亚）

不喜欢开花时的美丽颜色？

我还不想死呢！

季军

**外表特征**：花冠巨大——为世界之最。直径差不多有10米。

**造型特点**：生长150年才能开花，然后就死掉，这让人不禁要问:这种奇特的植物到底是为什么要来世上走一遭呢？

### 大王花（别名"尸臭百合"）

（产于印度尼西亚婆罗洲）

亚军

**外表特征**：橘色，卷心菜状，花朵巨大，直径1米。第一位发现它的欧洲人托马斯·拉费尔兹（1781——1826）称它为:

世界上最大最漂亮的花！

……也是世界上最臭的花。

造型特点：

1. 生长在热带雨林中，吸食蔓藤植物的汁液。

2. 散发腐肉般的臭气。

3. 由苍蝇或者鲔鲭授粉，然后烂成一堆又黑又臭的东西。

冠军

你说谁畸形啊？

## 泰坦海芋

（产于印度尼西亚苏门答腊岛）

**外表特征：**畸形，可长至3.7米高。巨大花穗周围的花鞘宽达91厘米。

畸形特征，请看下页！

# 珍奇的巨型泰坦海芋

真大啊!

1878年,意大利植物学家奥多尔多·贝卡里在森林中发现了一朵巨大的花。

他的几名助手把花连同1.5米宽巨大的球茎,即根部一起挖了出来。不幸的是,当他们把沉甸甸的泰坦海芋重重地

放在地上时,球茎内部满满的植物油被溅得到处都是,结果,泰坦海芋开始慢慢腐烂。奥多尔多最后设法把泰坦海芋的种子送回意大利,其中一粒种子长成幼苗,现生长在位于伦敦的英国皇家植物园里。当它开花的时候,人们兴奋异常,成千上万的人来到植物园,争相一睹巨花的风采……

种子!为什么我没有早点儿想到呢?

# 皇家植物园报

### 1887年6月22日

## 奇臭无比的巨花

兴致勃勃前往英国皇家植物园欣赏巨型泰坦海芋开花的游客刚到植物园，就闻到了一种怪味道。一个游客说："天啊，多么难闻的臭气啊！简直比猪圈还臭。"

几位女士由于闻了这种令人作呕的臭气而需要紧急救治。

有人这样描述这种难闻的气味："就像烂鱼和烧焦的糖混到了一起。"

在植物园里工作的植物学家说："由于这种花是利用吃烂鱼的甲虫授粉的，因此会释放这种气味，因为，甲虫认为这种味道非常神圣。但是，这并不表示我也觉得它神圣，事实上，我早就想跑开了……"

画家玛蒂尔达·史密斯（1854—1926）的工作就是把本地区生长的花都画到画布上，没有人羡慕她的工作，因为她几乎被这种可怕的臭味熏死。况且还有更糟的——她极有可能患上花粉热。

OK，我发现画它时要集中精力真的很难！

## 可恶的花粉热

在夏季，到处都有花粉，随风飘荡的花粉由于附着了很小的空气囊，所以能够自由飞行。一些花粉颗粒甚至可以被吹到4800千米远，并且飘浮到5800米的高空。噢，你怎么了？流泪了吗？如果是这样，你很可能得了花粉热。这种病的症状是流眼泪、流鼻涕、打喷嚏，就像整个夏天都在得重感冒。那么，这个责任该由谁来负呢？

很明显，负责任的应该是植物，因为是它们制造出花粉。但是，是你自己的身体对花粉过于敏感，当一粒花粉飘进你鼻子里时才会附着在那儿。对吗？

花粉热患者的体内会释放出一种被称为氨基酸的化学物质，来抵抗花粉携带的病毒，患病部位会极其疼痛，使人难以忍受，这就是花粉热。

顺便说一下，夏季一旦结束，一切就会恢复正常了。新的一年不会再有刺鼻的花香和恼人的花粉了。太好了！但是植物依然在辛勤工作着，你得翻开下一章才能知道它们在忙些什么。

# 发芽的种子 和 腐烂的水果

你知道水果这个词在拉丁文中是"享受"的意思吗？——拉丁语是古罗马人的语言。也就是说，古罗马人喜欢吃大量的美味水果。

但是，你可能会觉得水果真难吃，你宁愿在裤兜里装上仙人掌，也不想吃学校的水果沙拉。

高兴点儿，这一章的内容可能会帮助你找到不必再吃苹果的理由！

115

# 形形色色的植物档案

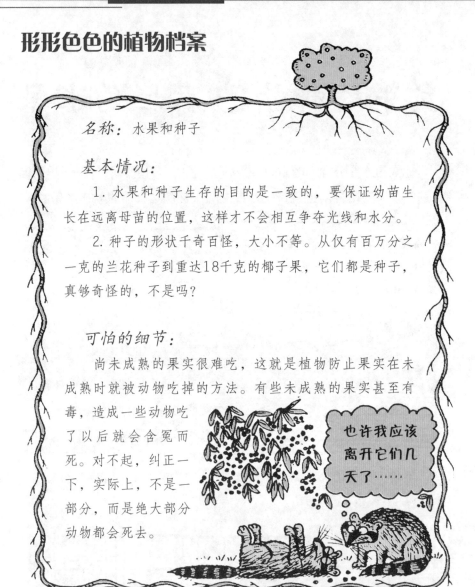

名称：水果和种子

**基本情况：**

1. 水果和种子生存的目的是一致的，要保证幼苗生长在远离母苗的位置，这样才不会相互争夺光线和水分。

2. 种子的形状千奇百怪，大小不等。从仅有百万分之一克的兰花种子到重达18千克的椰子果，它们都是种子，真够奇怪的，不是吗？

**可怕的细节：**

尚未成熟的果实很难吃，这就是植物防止果实在未成熟时就被动物吃掉的方法。有些未成熟的果实甚至有毒，造成一些动物吃了以后就会含冤而死。对不起，纠正一下，实际上，不是一部分，而是绝大部分动物都会死去。

也许我应该离开它们几天了……

## 种子的秘密

### 1. 内部的故事

种子就像一个备足了所需的一切物品的太空密封舱。就拿这粒无害的小蚕豆来说吧……

★ 种皮是保护种子的外部硬皮。

## 2. 播种

植物用许多快捷的方法来播撒种子，这里只介绍其中几种：

a）利用风。一些植物给种子背上小"降落伞"，以帮助它们飞行，像蒲公英的种子那样……

或者，为种子装上"直升机机翼"。

机长，我们无法停止旋转，已失去控制！

美国梧桐和枫树的种子

b）借助动物。动物们经常四处移动，而且总吃不饱，所以对植物来说，利用动物传播种子是有充分的理由的。

第一步：鸟或动物吃下有种子的果实。

第二步：种子随鸟的粪便落下。多可爱的免费肥料啊！

啄食！

噗！

这些种子需要有结实的种皮以保护它们不受动物胃肠中的酸液的破坏。

## 形形色色的植物学术语

我的莴苣宝宝已经发芽了。

她是说细菌吃了莴苣吗？

**答案**

不是。发芽是指种子或菌类孢子开始生长。种子吸进水，内部的幼苗就开始生长。种壳裂开后，幼根和嫩枝露了出来，叶子像小型太阳镜板那样伸展开，吸收可爱的阳光当早餐。但是，有些种子的成长却离奇得多，甚至邪恶之极。下面哪一个听起来过于离奇，不可能是真的？

# 奇特种子小测试

1. 地中海喷瓜成熟时会产生越来越多的黏液，最后爆炸。

真／假

2. 带钩植物的种子能将锋利的钩子扎入大象的脚中，只有当大象走过很长一段路把钩子磨损后，种子才会脱落。对于大象来说，这种可恶的植物可是个非常棘手的家伙。 真／假

3. 但是，大象吃下刺槐种子实际上是保护了种子免受甲虫之害。

真／假

4. 致命的龙葵浆果会杀死吃它的动物，然后龙葵的嫩枝就会从死去动物的身体里长出。 真／假

5. 澳大利亚的一种寄生植物的种子是利用鸟类在树上擦屁股而得以传播的。 真／假

你介意吗？

6. 南美洲的沙箱树因其形状如铃铛的种子而得名"猴子的餐铃"，猴子特别喜欢把它们作为晚餐。 真／假

7. 红树的种子下落时就像梭镖一样（这就是为什么说在红树下小憩不是个好主意的原因）。 真／假

它们悬挂着……

就像绿色的梭镖。

我只是不明白……

它的尖……啊！

**答案**

1. 真。喷瓜到处撒播黏液和种子，一定会为学校食堂增色不少。

2. 真。接着种子发芽了，大象会暴跳如雷。

3. 真。因为甲虫会钻进豆荚和种子的种囊中狂饮种子的汁液。如果大象吃了豆荚，种子就会幸免于难，而甲虫则被大象消化掉了。

4. 假。

5. 真。澳大利亚寄生植物是一种生长在树上的植物，会长出黏黏的浆果。槲寄生鸟吃这些浆果，并且在巢穴中处理掉种子。不过种子很黏——它们会将鸟的屁股粘住。于是鸟就会在树上蹭干净屁股（不——它们不用卫生纸），使种子粘在树上，那正是有利于它的幼苗生长的地方。

如果你不喜欢的人想在圣诞节的槲寄生（结白色小浆果的植物，寄生于其他树木）下吻你，那么，就请将这些令人作呕的事情讲给他听。

6. 假。这个名字源于它的果核晒干后爆裂时发出的砰砰声。这声音的奇特之处在于它很像手枪的射击声，因此，常常会吓到路人。实际上，它一点也不像餐铃。

7. 真。红树生长在泥泞的海岸线上，种子在树上发芽并且与绿色的穗相连。然后，种子随着穗落入树下的污泥中，树根迅速固定扎入污泥中的穗和种子。接着，新树苗便开始了成长的经历，就像一艘小船漂漂摇摇去进行一次激动人心的航行……

## 你肯定不知道！

兰花可以产生大量的种子。举个例子，比如有斑点的欧洲兰花，一株可以产生186 000粒种子。博物学家查尔斯·达尔文计算出，如果所有这些种子都发芽，不出3代，兰花就会覆盖整个地球。

可实际上，大多数植物种子都会落入不适合生长的地方或是被鸟或虫子吃掉了。

从这首古老的歌谣中你就可以窥见一斑：

> 春天播下四粒种，
>
> 一粒种子喂白鸽，
>
> 一粒种子喂小虫，
>
> 还有一粒腐烂掉，
>
> 只剩一粒郁葱葱。

提醒你一下，对于人类来说，种子是非常有用的。有时，它们会以一种令人意想不到的方式助你一臂之力……

## 坚持不懈地工作

　　瑞士的发明家乔治·德·麦斯特里尔遇到了一个难题，自从妻子裙子上的拉链在临出门时坏了的那一刻起，他就决定要发明一种新的扣拴物。

　　1950年的一天，当乔治带着小狗一起出去散步时，他注意到狗的耳朵上挂着一些种子，他发现那是牛蒡的种子。它们之所以粘在了狗耳朵上，是因为种子浑身的小钩钩住了狗的绒毛。乔治从中大受启发。

　　在此后的8年里，乔治一直在不断地研究如何以牛蒡种子为模型，发明出一种新的扣拴物。最后，在得到实业家杰科布·穆勒的帮助后他终于大功告成了。

这种新型扣拴物是由两条尼龙带组成的，一条上带有许多小钩，而另一条带有许多小圈，名字叫做尼龙搭扣。现在，这种尼龙搭扣常用于航天服，哦，没准儿你的衣服上就有。

## 硕果累累

人们习惯于把水果和蔬菜混为一谈。有些人则认为所有的水果都是甜的，而蔬菜不是。他们觉得以此为依据就可以区别水果和蔬菜了。其实，这种方法是不对的，因为并不是所有的水果都是甜的。有些水果酸甜可口，而有些水果却能酸死人。

下面就让我们去请教一下植物学家，把这件事弄弄清楚吧！

嗯，子房是花柱基部的一个小块——如果你不记得了，请参看第103页。花朵经过授粉以后，种子就开始发育，子房也随之在其周围膨胀。现在明白了吗？要长成一种美味的水果而不是菜地里的普通的蔬菜，那么，无论你正以什么为食，首先，你必须先从花朵的子房开始生长。

## 考考你认识的蔬菜水果商 *

★ 如果你不认识蔬菜水果商，也可以用你的老师代替。

下面哪些是果实？

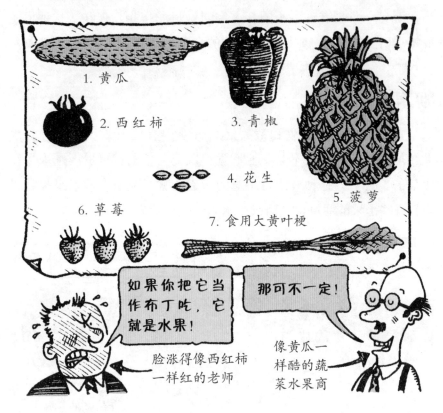

如果你把它当作布丁吃，它就是水果！

脸涨得像西红柿一样红的老师

那可不一定！

像黄瓜一样酷的蔬菜水果商

**答案**

果实：1、2、3、4。据科学家说，所有的坚果都是果实。当然，如果你够狠，你可能会说那些科学家才是坚果★呢！

★在英语里，坚果nut的另一个意思是疯子。

非果实：5、6、7。菠萝是由许多花的若干部分发育而来的。就是说，从严格的意义上来讲，菠萝不属于果实，因为它不是由单个子房发育而来的。

草莓也是由花的几部分发育而来的，果实其实只是草莓表面上的小颗粒。

食用大黄是煮过的大黄茎，所以，它与果实毫无关系。

# 形形色色的植物学术语

这些科学家在胡言乱语些什么呢？

仅供参考。

1. 梨果是一种多汁的果实，就像中间有核的苹果。不信你就咬一口试试，肯定没错。

2. 核果也是一种多汁的水果，就像桃那样中间带有硬核的果实。

3. 浆果是有好多籽的水果——包括葡萄和西红柿。（你能相信吗？）

4. 其他词是水果不同部分的学名。

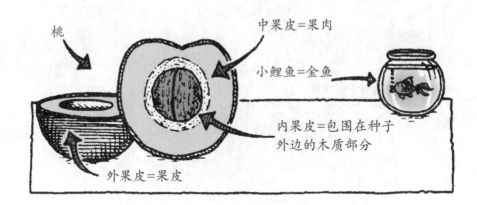

桃

中果皮=果肉

小鲤鱼=金鱼

内果皮=包围在种子外边的木质部分

外果皮=果皮

现在，你也许认为水果对健康是有益无害的，而且是十分可口的。很明显，香蕉是无害的，但信不信由你，人们一直在和水果作战，甚至为此而送命。就拿面包果为例吧。你说什么？你可别以为我在编故事，读下去，了解一下这个令人不快的故事。

面包果是一种直径在20~30厘米的绿色果实，没什么味道，但却有很多种烹调方法。无论炸、烤、煎、煮，都能让人垂涎欲滴，更诱人的是它很便宜，而且也容易生长。

的确太容易了。在18世纪的时候，西印度群岛到处都是奴隶，他们被迫为有钱的奴隶主种植蔗糖和烟草。奴隶主琢磨出一个恶毒的办法，用便宜的面包果给奴隶当口粮，为自己省钱。不过首先，他们必须从面包果的生长地塔希提岛上弄一些面包树回来。

奴隶主们向英国皇家植物园园长约瑟夫·班克斯爵士求助。约瑟夫爵士向政府申请了一艘船——"博爱"号，并聘请威廉·布莱为船长。他还雇用了一位名叫戴维·内尔森的年轻植物学家来收集面包树。下面就是戴维在给约瑟夫·班克斯爵士的信中对那次航行的描述……

# 毫无结果的旅行

1788年8月20日，"博爱"号离开塔斯马尼亚起航

亲爱的约瑟夫爵士：

希望这封信能平安到达您手中，此次航行到目前为止十分顺利。感谢您对我的信任，也感谢您派园丁威廉·布朗前来协助我工作，我们合作得非常愉快。今天，我们去过海边，发现了一些新植物，希望回去时能为您介绍。

争吵！ 吵嘴！

但是我想，布莱船长和船员之间存在某些矛盾。他们一路不停地吵嘴、打架，在账目、供给以及所有与船相关的事情上都争吵不休。我并不想责怪船长，不过布莱船长的确脾气暴躁，经常对下属大声喊叫、讽刺甚至挖苦。我想总该有人出面控制一下才对啊。总之，期望一切都会有所好转，我们能够平安到达塔希提岛。

您忠诚的，
戴维·内尔森

我的密友

**1789年4月3日　塔希提**

亲爱的约瑟夫：

　　我们到达这里以后就一直在工作、工作、工作。我一直在收集面包果种子，播种并把它们装到船上。感谢上帝，我的朋友威廉在帮我。事实上，他现在正在给那些树浇水，这可是件累人的活儿。他虽然经常发牢骚，但干活很卖力，我们成了好朋友。船员们在塔希提过得挺自在，这儿的人也很友好，看上去，大家就像是在度一个悠长的假期。

　　但我整天都在照看这些树。不管怎样，我们即将返航。9个月后见！

您忠诚的，
戴维·内尔森

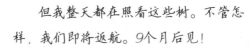

**1789年5月26日　太平洋中的某个地方**

亲爱的约瑟夫爵士：

　　很抱歉，我的字写得歪歪扭扭的，我是在一条小船的角落里给您写这封信的，船正在波涛里颠簸个不停。

4个星期前的一个早晨，我被3个脸色铁青的船员叫醒。

我大声质问："出什么事了？"

"我们来谈谈这艘船。"有个人讪笑着说，"我们要回塔希提。"

"对。"另一个附和说，"我们会和以前一样过得很开心。"

他们大笑着把我拖到了甲板上。

甲板上早就一片混乱，布莱船长被绑在了桅杆上。他很愤怒，疯狂地大声喊着，一些船员也在不停地骂着。我看见了威廉·布朗。"救我，威廉！"我呼喊着。他只是奇怪地笑了笑。后来我才发现了真相，约瑟夫爵士。我很遗憾地说，您的园丁，我们所谓的朋友威廉·布朗已经加入到叛变者的队伍，他怎么会这样呢？

我说："面包果怎么办，威廉？"

威廉·布朗

他把脸凑到我跟前咬牙切齿地说："我讨厌这些树，伙计们也讨厌，他们渴坏了，没水喝，而你的宝贝面包果却把水喝了个够。我们现在要把它们全部扔到船外去。"

我可爱的植物，这是多么大的损失啊！我禁不住热泪盈眶。随后，我、船长和他的朋友们被那些可恶的船员逼上了这艘小船，坐在船上，我们只能随波逐流。我们19个人不停地往船外舀水以防止小船沉没。

食物越来越少，我们每天只能吃一小片面包。对了，还有一小片面包果作为餐后甜食。如果我还能活着，我会再给您写信的。

您忠诚的，
戴维·内尔森

## 1789年6月4日澳大利亚海岸某处

亲爱的约瑟夫爵士：

我觉得您或者别人应该了解我们的境况。当然我知道，这封信也许您永远也不会收到，但是我会利用这哪怕是万分之一的机会来给您写信。

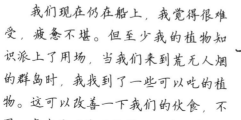

我们现在仍在船上，我觉得很难受，疲惫不堪。但至少我的植物知识派上了用场，当我们来到荒无人烟的群岛时，我找到了一些可以吃的植物。这可以改善一下我们的伙食，不用一直吃恶心的面包果了。然后我们继续出发去寻求帮助。

布莱
（浑蛋）

令我难以置信的是，布莱船长还在跟同来的两位船员吵个不停，这全该怪船长，他不善于与人相处。我们甚至连地图都没有，只有船长的袖珍指南针。他说他知道在什么地方应该向哪儿转，但我们心里都不太有底。

我感觉很害怕，我想我坚持不住了。我已经被太阳晒伤了，而且非常虚弱，腿和脚因为长期挤在小船里已经浮肿。有时候，我觉得自己快要睡着了，而且，再也不会醒过来了。我们会不会全都死在这艘船上呢？

我还不想死。

您忠诚的，

戴维·内尔森

戴维

1789年6月12日

亲爱的约瑟夫爵士：

　　情况变得越来越糟糕。10天了，我们只能喝到一点点水。很多人只是躺在船上发呆，我想他们太虚弱了，一动都不能动。我已经放弃了希望，不再掐算日子。我全身剧痛难忍，一切都结束了。坚持，我们已经看到陆地了，是的，陆地！到处都是树，我们不知道自己是在哪里。我会再写信给您的，在我有了力气之后。

您忠诚的，
戴维·内尔森

1789年6月14日库潘

　　我们遇到一个打渔的人，他告诉我们离荷兰的港口不远了！我们在今天早晨终于平安抵达了。这都要感谢布莱船长，他只靠指南针来掌船，太伟大了！荷兰人很友善，他们送给我们许多糕点，现在，我还有一张舒适的床可以睡觉。躺在干净的白床单上真是太舒服了。我感觉好多了，真希望能回家。

您忠诚的，
戴维·内尔森

布莱（我的英雄）

回家喽！

# 令人悲伤的附言

不要读这部分，除非你喜欢悲伤的结局。令人难过的是戴维并没有彻底康复，他在出去寻找植物时发起了高烧，几天后就去世了。威廉·布莱说：

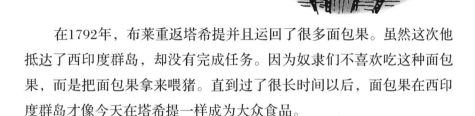

失去这样一位忠诚的朋友，我感到非常惋惜。

在1792年，布莱重返塔希提并且运回了很多面包果。虽然这次他抵达了西印度群岛，却没有完成任务。因为奴隶们不喜欢吃这种面包果，而是把面包果拿来喂猪。直到过了很长时间以后，面包果在西印度群岛才像今天在塔希提一样成为大众食品。

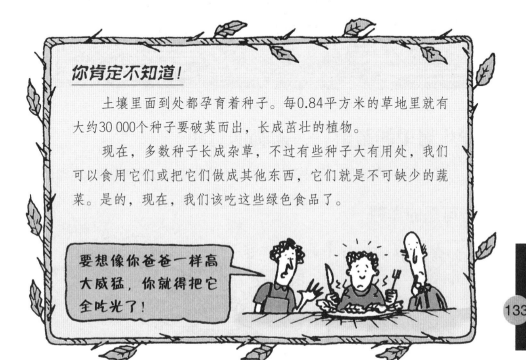

## 你肯定不知道！

土壤里面到处都孕育着种子。每0.84平方米的草地里就有大约30 000个种子要破荚而出，长成茁壮的植物。

现在，多数种子长成杂草，不过有些种子大有用处，我们可以食用它们或把它们做成其他东西，它们就是不可缺少的蔬菜。是的，现在，我们该吃这些绿色食品了。

要想像你爸爸一样高大威猛，你就得把它全吃光了！

# 万岁！ 不可或缺的蔬菜 谢谢你！

　　我们的生活中不能没有植物。没有植物，空气中就没有氧气供我们呼吸，也没有东西供我们食用。如果这还不够糟糕的话，生活还会在许多你意想不到的时刻变得更加艰难，因为植物还有很多奇特的用处。是的，它们比你想得更加重要。植物会突然出现在世界的任意一个角落……

　　就拿学生餐来说吧。

不要，谢谢！

## 学生餐里的蔬菜——恐怖的真相

　　你可能还不知道吧，学生餐里那些烦人的蔬菜还有些有趣的故事呢！

## 1. 可恶的洋葱

闻到它的气味会让你流泪

苦涩的味道

难闻的气味

在中世纪，一位撰写药草方面知识的作者错误地认为，吃洋葱是有害的。

它会引发头痛、伤害眼睛并损伤智力。

洋葱之所以会使人流泪，是因为你在切洋葱时，洋葱所含的刺激性油状物会变成雾状，悬浮于空气中。这种雾会刺痛你的眼睛使你流泪。你的学生餐是否也使你感动得流泪呢？

洋葱是鳞茎植物，它能将淀粉储存起来以供日后生长需要。实际上，有很多植物都是这样做的。例如我们经常吃的胡萝卜、土豆等。当然，如果人们吃饭时狼吞虎咽，就会浪费掉这些天然的营养。

## 2. 脆生生的胡萝卜

野生胡萝卜的颜色（好吧，你可以想象一下）

嚼起来有点儿像肥皂泡的味道。

最初，胡萝卜的颜色是白色或紫色的，这就是大多数野生胡萝卜的颜色。唯一野生的橙色胡萝卜生长在阿富汗，它们就是学生餐中胡萝卜的祖先。

科学家推测，橙色胡萝卜可能是在12世纪前由商人带入欧洲的。后来，探险家和移民者又把它们从欧洲带到了世界各地。

## 3. 耐嚼的卷心菜

卷心菜可能不是你喜爱的蔬菜，但是，我要告诉你，我们现在已经很幸运了，因为它们过去非常难吃。野生卷心菜吃起来味苦，像嚼皮革一样，它生长在欧洲。而现在的卷心菜经过培育已经变得多汁，叶子也嫩多了。（当然，学生餐中的卷心菜是个例外。）

## 4. 难吃的烘豆

没错，烘豆最初是以植物的身份出现的，由美国扁豆制成，它实际上是种子而不是果实。

做果酱通常要用到3种植物：西红柿、蔗糖和玉米粉。在1997年，科学家计划培育几种人吃了以后不会放屁的新豆种，但到现在还没有任何结果。

## 5. 令人作呕的大黄叶梗

想用大黄做布丁吗？大黄在富含有机肥的土壤中生长得特别好。这就是为什么农民经常用便壶喷洒大黄的原因。学校里的大黄情况可能不同，有一种在学校不经常出现的大黄具有强烈的通便功能，即大黄能让你腹泻——仅仅3匙的用量就能让你拉空肚子！

# 不吉利的色拉块

在总共大约380 000种植物中大约有80 000种是可以食用的，而人们通常只吃了其中3000种左右。不过，现代人开始对稀有植物表现出极大的兴趣，甚至在高档餐厅也可以享用……现在，你准备好点菜了吗？

# 特色菜肴植物配餐

## 餐前开胃小菜

### 烤槟榔果配橙汁

东南亚地区特色菜肴，口感清爽，提神醒脑。

顾客须知

请勿过量食用。果汁能使牙齿变黑，嘴唇发紫，口气有异味。

食用后可将食物残渣吐到备用的痰盂中。

### 新鲜蒲公英加蓟菜色拉

由新采摘的蒲公英和水焯蓟菜芽拌成，鲜脆可口。

（请放心，我们已将所有的刺除去了。）

顾客须知

请勿过量食用蒲公英叶。过多食用会造成小便频繁。蒲公英的原名"湿床"可以形象地说明这一特点。

### 刺荨麻热汤

以正宗刺荨麻为原料。取鲜嫩的荨麻尖与炸土豆、洋葱以文火慢炖而成，味道鲜美，富含维生素。价格便宜，好吃不贵。

# 主 菜
## 因纽特地衣午餐

为您提供热气腾腾，口味鲜美的地衣午餐，鲜嫩的地衣取自现杀的驯鹿胃中，因此鲜嫩可口，易于消化。此菜为因纽特人的传统佳肴。

### 顾客须知

请勿过量食用，否则容易引起便秘（即排便困难）。

# 自选辅菜

### 特色紫菜

这是一种英国特产的海藻，取自海边礁石，加少许食醋烹调而成。热气腾腾的紫菜口感稍黏，颜色暗黑——吃完一定记住刷牙哦！

## 布丁
## 极品榴莲色拉

猩猩的最爱，新鲜的榴莲采自印度尼西亚的苏门答腊森林中。

### 顾客须知

榴莲果臭气熏天，气味犹如腐烂的死鱼混合污水的味道，在飞机上及某些宾馆里被禁止食用。

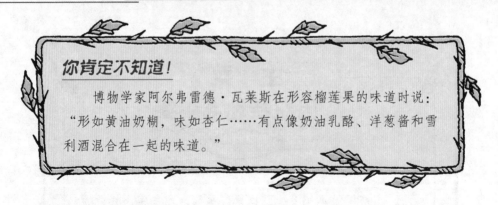

### 你肯定不知道！

博物学家阿尔弗雷德·瓦莱斯在形容榴莲果的味道时说："形如黄油奶糊，味如杏仁……有点像奶油乳酪、洋葱酱和雪利酒混合在一起的味道。"

## 有益食用香料

你知道香草冰激凌、姜汁饼干和比萨饼有什么共同之处吗？没错，我知道你肯定会把它们都狼吞虎咽地吞下去，告诉你吧，它们都含有从植物中提取的香料。

不知道薄荷巧克力树长得什么样……

冰激凌中的香草来自生长在美洲的兰花干果。

姜汁饼干中的姜是生长在东南亚的一种植物的根。

唔！味道好极了！

比萨饼、薄荷片和罗勒叶，味道好极了！

有些草本植物香味扑鼻，可用于烹调或提取香水。香料就是香味极浓只可用于烹调的植物。下面是几种常用的香料：

1. 龙蒿是一种香草，可用做蛋黄沙司的调味品，人们常常把蛋黄沙司和鱼配在一起吃。龙蒿在拉丁文中的意思为"小龙"，这是因为起初人们误以为这种香草可解蛇毒。

2. 藏红花香精不但可用来增加米饭的味道，还能使米饭呈现诱人的黄色。它提取自一种藏红花。藏红花一直很昂贵，因为从400 000朵花里才能提取出1千克藏红花油。

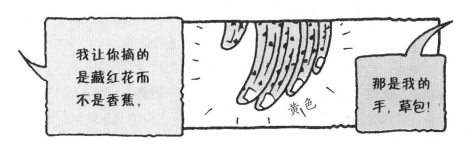

在15世纪，德国的两个商人因私自在他们出售的藏红花香料里掺杂比较便宜的调料而被活活烧死。

3. 阿魏胶是从中东的一种茴香植物的汁液中提炼出来的香料。它有一种腐烂的大蒜的味道，还好，煮过以后，这种怪味便消失了，只剩下淡淡的洋葱味，所以食用起来，口味没问题。

## 一个感人的故事……

人类已经永久地改变了植物，为了满足自身的需要，人类已经移植了地球上所有的植物。想想面包果——西印度群岛之行的事情就清楚了，我们现在吃的蔬菜和水果有一大部分最初都生长于世界上不同的地区。

科学家们推断樱桃源于美国，桃子源于中国。不过，走进果园，你经常会看到来自南美洲的灯笼海棠、来自中国的紫藤、来自喜马拉雅山脉的杜鹃花和来自非洲北部的郁金香。

但是，植物在它们新的家园里生长并不总是好事。在东南亚，许多稻田已被原本种在花园里的来自南美洲的凤眼莲（又叫水葫芦）所替代，尽管水葫芦比水稻漂亮，但是我们不能把它当饭吃啊。

## 考考你的老师

你先轻轻敲敲教师休息室的门，当门嘎吱打开的时候，微笑着问老师：

打扰您了，您能告诉我茶最初长在哪个国家吗？

嗯？

**答案**

茶最初生长在中国西藏地区，在公元前2737年以前就在中国被作为农作物来种植了。起初，茶只用来做药物，后来，人们逐渐意识到它可用作美味的早茶。如果你感到心情特别不好，你可以了解一点……

1. 在西藏，人们品茶时喜欢掺些变味的牦牛奶。

2. 据一个古老的传奇故事讲，一个和尚参禅时，为了保持头脑清醒不打瞌睡，竟然割下了自己的眼睑，眼睑很快长成了茶树。真是天方夜谭！

但是，与食物和饮料相比，有关植物的传说更多。一些植物非常特别，在人们生活中占据着十分重要的地位。很多人把一生都投入到了植物研究中去。就拿竹子来说吧，假设你居住在古代中国的南方……

# 我的学校一日

今天早上，我从竹屋子里的竹席上醒来，用竹筷子从竹碗里吃了些竹笋早餐。然后，我又用竹茶杯喝了一些茶。我向爸爸要玉米片，可他说还没有发明出来呢！

随后，我坐着摇摇晃晃的竹车去了那令人厌烦的竹学校，我们必须经过一座竹桥。路上我用一支竹笔在竹纸上记下了我做的一切。

哎！竹子真是没劲，照这样下去，我会变成一个竹豆角架的。

完

如果老师不喜欢这个故事的话，你就猜猜他的手杖是什么做的吧。

# 重要植物小测验——第一部分

植物有很多用途，本测验由两部分组成，你一定要全力以赴啊！你所要做的就是把下面的植物和它们所制成的产品连接起来。赶快试一试吧！很简单。

## 神奇的草药

几千年来，人们一直用植物做药材，但是你怎样才能成为一名传统的植物医生呢？你能把下面的植物和用它们的药效连接起来吗？

备选植物：

1. 南美金鸡纳树皮

2. 柳树皮

3. 大蒜

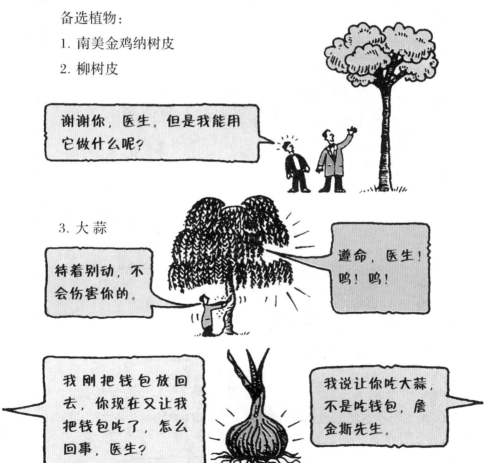

4. 蓖麻油植物

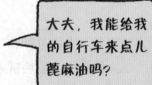

大夫，我能给我的自行车来点儿蓖麻油吗？

蓖麻籽

医疗作用：

a）治疗眼睛青肿。

哎哟！

b）强身健体、降血压、杀菌消炎。

啊！全好喽！

c）通便，帮你在厕所解决一个大问题。

终于畅通啦！

d）治愈致命的疾病——疟疾。

呃！

**答案**

1. d）生长于南美洲的金鸡纳树的树皮中含有一种药物成分叫奎宁，奎宁可以杀死引起致命疟疾的多种微生物。不幸的是，扒掉树皮，金鸡纳树就会枯死。但人们渴望服用能医治疟疾的良药，结果导致在19世纪，成千上万棵金鸡纳树不得不为人类献出了生命。

2. a）柳树皮中含有一种化学物质叫水杨酸，这种物质的作用类似于止痛药阿司匹林。正因如此，过去民间有人眼睛青肿时，常常把柳树皮贴在眼皮上。但是，狡猾的柳树分泌水杨酸并不是为了让我们制造阿司匹林，绝不是！而是为了置饥饿的甲虫于死地。没错，甲虫很快就发现啃错了树皮，哈哈！

3. b）这可是来自官方的消息。科学实验已经证明吃大蒜有利于人体健康。只要身体健康，谁还需要什么朋友呢？哈哈！

4. c）蓖麻油是一种泻药，尤其适用于儿童通便。但蓖麻油中同时含有有毒物质，用前必须精心处理，否则一颗蓖麻籽就可以置人于死地。

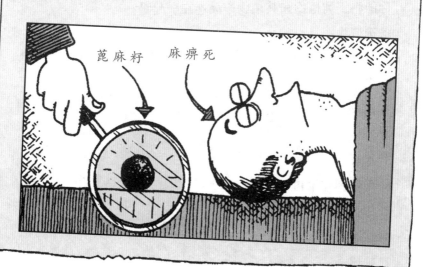

蓖麻籽　　麻痹死

## 你肯定不知道！

北美洲的鼠李树皮也可以用来当泻药，它的拉丁文名称的意思是"舒服"。据说，发明此名的牧师患有便秘，用过鼠李树皮后……

呃……

扑哧！

爽呆了！

# 重要植物小测验——第二部分

## 经济植物及产品

你能将下列植物和其植物产品连在一起吗？

备选植物：

1. 甘蔗

2. 荨麻

3. 海藻

4. 小麦

5. 地衣

6. 南美洲红木树

7. 棉花

8. 橡胶树

9. 松树

备选产品：

a）一双臭袜子

b）汽车燃料

c）一盘香气扑鼻的意大利面条

d）染料

e）一只又旧又脏的惠灵顿胶皮靴（另外一只哪里去了？）

f）天气预报

g）一块桌布

h）漂亮的橙色头发

i）你现在看的这本书

**答 案**

1. b）在巴西，人们将甘蔗制成酒，充当汽车燃料。在加油站你既可以买到这种燃料，也可以买到比较传统的汽油。

2. g）在19世纪，英格兰北部的居民把带刺的荨麻秆编织成桌布。

3. f）拉米纳里亚海藻在天气干燥时又干又脆，但在下雨前空气变湿的时候，海藻会吸收水分而变黏。

4. c）意大利面条是由粗小麦粉加工成食用面团后做成的，和学生餐中的布丁一样，都是糊状。粗小麦粉是由旱田作物小麦加工而成的。

5. d）最初人们曾使用地衣做染料，最典型的一种做法是把地衣染料放在尿和熟石灰的混合物中任其腐烂。你想试试吗？

6. h）南美印第安人用红木树籽把头发染成很帅的橙色，其汁液还可以用来驱赶蚊子。

7. a）棉袜中的棉线是用棉花绒纺成的，用织布机可把棉花织成布。棉花绒还能播撒棉桃中的棉籽。

8. e）从前，惠灵顿长靴都是由天然橡胶制成。割开橡胶树皮就会渗出凝汁或者乳胶，经过加工就成了天然橡胶。而现在的橡胶很多都是工厂利用人造化学物质生产出来的。

9. i）对，你可能知道这个答案，本书是用树木做原料加工成纸，然后装订而成。木材经过碾磨形成纤维状的纸浆，再用化学制剂浸泡使之溶解，接着加入胶使纤维凝结在一起，这些黏糊糊的纸浆经过压平、干燥后，切割成形就成为纸张了。

哦，瞧这些可怜的树！

## 重大发现

　　据说，第一个想到用木材做纸的西方人是法国科学家莱尼·瑞莫尔（1683—1757）。一天，莱尼在森林中发现一个废弃的黄蜂巢，他将蜂巢带回家后发现，巢竟然是用"纸"筑成的。经过进一步的研究，他发现黄蜂先将木头嚼碎，然后再吐出来就变成这种奇怪的纸质物质。

1719年，瑞莫尔激动地向法国学会宣布纸张可以用植物纤维制成（人们都不记得，几千年前，埃及人就已用纸草造出了纸）*。在瑞莫尔生活的时代，人们一直是把破布捣碎来制成纸使用。虽然瑞莫尔没有亲自用树木造纸，但他的研究工作对其他人触动很大，科学家后来成功地用海藻、卷心菜、土豆和松果造出了纸张。

第一台造纸机是19世纪40年代由德国人研制出来的。

*纸是中国古代的四大发明之一。公元105年，东汉的蔡伦改进了造纸术。

从此造纸就容易多了。想想如果没有植物我们将会怎样呢？我们以植物为食，我们呼吸植物释放的氧气，生病时，我们把植物当成药品。此外，我们还用植物造桥、盖房子、驱动汽车、制作服装、装订书刊……可以说，植物与我们的生活休戚相关。

# 辉煌夺目的植物奇迹

至此，你应该已经意识到植物有多么凶恶了，有些植物甚至在可怜的小昆虫还活着的时候就把它们一口吞掉了。植物之间也互相残杀——缠住受害者、吸吮其汁液以及偷走其阳光。而这仅仅是开始……

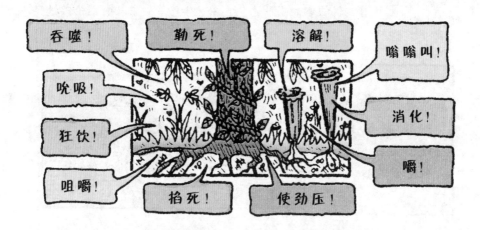

你想打抱不平吗？想象一下植物就是周围杂草丛生的小墙头花，它邀请每只饥肠辘辘的小虫和哺乳动物来吃免费午餐。这些可爱、友好的小植物就像学校班车上的一小袋巧克力，每个来访者都想吃上一口。所以为了活命，植物不得不使用各种残忍的手段。

况且，这未尝不是一件好事。植物也许很邪恶，但它们是生态环境中不可缺少的。不仅人类需要，所有的动物为了生存也都离不开植物。而植物没有我们却依旧可以潇洒地创造奇迹。

人类需要所有的植物，而不仅仅是我们吃的和用的植物。理由如下：每年，植物学家都会发现大量可食用和药用的植物新品种，换句话说，也许一棵不起眼的杂草明天就成了非凡的植物明星。说不定它还会出现在你家附近的菜市场里呢……

# 神奇的蔬菜店

## 奇特的水牛葫芦

（产于墨西哥和美国西南部）

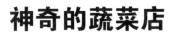

▶ 体积巨大，球根直径达3~4米。

▶ 两岁时，葫芦就重达30千克。

▶ 味道鲜美，富含植物油。

▶ 老少皆宜。

超重！

## 飞豆

（翅膀的奇迹）

长翅膀的豆类。你不喜欢它发出的声音？先不要下定论，否则你会食言的。真的，你会吃掉整棵植物！

▶ 叶子的味道像菠菜。

▶ 花可煎炸。

▶ 豆角味道像绿豆。

▶ 豆粒味道像豌豆。

▶ 茎的烹调方法和土豆相似（营养和土豆差不多）。

▶ 根部和细菌使土壤富含硝酸盐。

真棒！

这个果已被摘走了。

此外，在医学的前沿，科学家们正在注视着各地民间使用的传统植物药方，目的是为了将其中的部分处方制成药剂，便于在世界各地广泛应用。例如，生长在非洲加纳的白叶藤可以退烧、杀菌，但是，科学家还有待于进一步找出具体是植物中的哪种化学物质在发挥作用。

仅仅寻找和发现新食物和新药物对植物学家来说已经远远不够了，科学家已经找到了创造全新植物的办法，那就是利用基因，即花粉和子房中的微小代码，还记得吗？比如说，科学家从细菌中提取一个基因，它能产生一种有毒物质杀死蛾类的幼虫。科学家把这种基因移植到棉花植株中。那么，棉花叶子就能直接杀死蛾类的幼虫了。

　　但是，与植物关系最为密切的不是科学家和他们的各种发现，而是植物本身。植物并不是长在花园里的色拉配料，而是奇妙的、不可思议的、活的生命，即使是一棵不起眼的小草体内也包含着一个了不起的活化工厂，在这里，阳光变成食物和剧毒鸡尾酒，即使是经验丰富、见多识广的植物学家也会为如此的"壮举"而激动得流下热泪。

　　好了，植物就是这样一点一点默默无闻地演化的，可这又有什么关系呢？只要你了解了植物的奥秘，它们就会在你眼中变得辉煌夺目。

　　对此，你绝对毋庸置疑……

155

# 疯狂测试

## 植物的咒语

现在就看看你是不是解读植物咒语的专家！

现在你终于完成了植物世界的惊险之旅，那么这一路走来，你学到了什么呢？现在就来考考你……

## 令人迷惑的植物学

你已经细细研读过有关植物的知识，你现在是一个杰出的植物学家了吗？

1. 植物的食物来自哪里呢？

a）阳光、水和二氧化碳

b）土壤中的糖分

c）桑斯博里（英国的零售商）

真好吃！

2. 以下哪个东西不是由植物制成的？

a）橡胶

b）高尔夫球杆

c）糖

3. 真菌利用什么吸引苍蝇？

a）美貌

b）颜色

c）气味

哎哟！我不喜欢这种棉花基因。

你最好把它们穿上而不是吃掉它们。

4. 在寒冷的日子里，树为什么会掉叶子？

a）落叶有助于为树根部的土壤增肥

b）叶子需要很多水分，在寒冷的日子里，树很难从冰冷的
土壤中汲取水分。

c）隆冬季节阳光不充足

5. 哪里能找到松树的种子？

a）树干中的小洞里

b）花朵里

c）球果中

6. 可可果的哪一部分有毒？

a）种子

b）花

c）果实

7. 以下哪种物质在土壤中找不到？

a）粪便

b）细菌

c）纤维素

8. 地球上70%的氧气来自哪里？

a）雨林中的树木

b）海洋中的藻类

c）博格诺里吉斯的一个发电站

 答案

1. a）；2. b）；3. c）；4. b）；5. c）；6. a）；7. c）；8. b）。

## 植物独特的生长过程

　　植物也许有点邪恶，但它们也很狡黠。只需要一些基本的成分，植物就能让它们需要的一切生长繁殖。这些神奇的生存技巧你还记得多少？

1. 植物从大气中吸收什么气体？
　　提示：一种可怕的温室气体。

2. 在植物细胞的边缘有一种什么物质，起加固细胞的作用？
　　提示：粗粮里面富含这种物质。

3. 许多真菌生长出哪种奇怪的物质，以便传播孢子？
　　提示：与蛙形家具有关。

4. 在光合作用下，植物会释放出什么气体？
　　提示：没有这种气体你会彻底消失。

5. 光合作用会产生哪种能提供能量的物质?

　　提示:带甜味的。

6. 植物的哪部分有用于运送水分的脉络?

　　提示:水分到达这里,然后……

7. 植物从土壤中吸取哪种重要物质?

　　提示:不用寻常的东西。

8. 开花的植物间通过传播什么来繁殖?

　　提示:它可能会让你打喷嚏……

 **答案**

　　1. 二氧化碳

　　2. 纤维素

　　3. 伞菌 (英文为:toadstool,其拼写正好是蟾蜍toad与凳子stool的组合)

　　4. 氧气

　　5. 糖

　　6. 叶子

　　7. 矿物质

　　8. 花粉

## 危险的植物

　　读了这本书后,你再也不会被花朵美丽的外表所欺骗,或是被引诱去触碰一棵植物——很多植物都是相当危险的。看你能否分辨出哪些危险植物有以下可怕的习惯。

1. 我喜欢攀上一棵树，用我的枝蔓张牙舞爪地裹住树干，然后植根于土地上，吸走这棵树所有的水分，最后这棵树会因为严重缺水和窒息而亡。

2. 当粗心的虫子进入我喇叭形的光滑身躯时，它们就踏上了一条不归路。当它们还活生生地浸在我体内的"水池"里，我就喷出酸液将它们无助的身体溶化。

3. 从外表来看我没有危害性，其实我的根就像吸血鬼的尖牙一样。在地下深处，它们找到别的树根就插进去。这样我就可以吸干其他植物的水分，而它们就会枯死。

4. 如果哪个好奇的动物会蠢到想吃我，我会给它个下马威。当敌人碰到我时，我叶子上的小绒毛会释放出毒物——足够让它们吓一跳。

5. 我明黄色的外表下隐藏着致命的秘密。当粗心的虫子落在我身上，它就会被布满腺毛的黏液粘住。这只虫子死到临头了，我慢慢地收拢围着它的腺毛，然后我的消化液会将它溶化，这样我就可以美餐一顿，吸收它的所有养分了。

6. 我豆荚一样的身体装满了水，这样身体外层就能张开，对过往的虫子来说这就是个黏糊糊的陷阱。落到我身上甚至是撞上我的虫子都逃不过我的黏性物，然后我就会吃了它们。

7. 如果哪个人蠢到把我放到比萨饼上，那么他们就犯了致命的错误。我分泌的毒液会让他们呕吐、胃胀……最终致命。

8. 愚蠢的苍蝇要是落到我毛茸茸的嘴唇上，就会触发藏在我的叶子里的电信号。刹那间，叶子边缘的刺就会关上，就像钳夹一样紧紧地把苍蝇关在里面，我就可以享受美食了。

a）茅膏菜

b）荠菜种子

c）维纳斯捕蝇草

d）伞菌，毒菌

e）勒颈无花果

f）采油树

g）荨麻

h）捕虫草

提示：每种植物都可能有好几个名字，所以，别太指望选项都能在这本书里找到。

##  答案

1. e）；2. h）；3. f）；4. g）；5. a）；6. b）；7. d）；8. c）。

## 植物咒语单词表

植物学家用一些奇怪却很经典的词形容不同类型的植物和它们独特的生长过程。你能将下列名词与其对应的意思联系起来吗？

1. 蒸发

2. 发芽

3. 授粉

4. 被子植物

5. 光合作用

6. 叶绿素

7. 裸子植物

8. 木质素

a）将花粉从一种植物传授到另一种植物的过程。

b）种子植物的一类，种子裸露，外无果皮。

c）从根部吸收水分，通过叶子将其蒸发的过程。

d）植物吸收的绿色物质，并与吸收的阳光一起生成食物。

e）种子或菌类孢子开始生长。

f）树中的一种物质，能将纤维连在一起。

g）将阳光、水分和二氧化碳转变成氧气和糖分的过程。

h）种子植物的一类，胚珠生在子房里，种子包在果实里。

 答案

1. c）；2. e）；3. a）；4. h）；5. g）；6. d）；7. b）；8. f）。

## "经典科学"系列（26册）

肚子里的恶心事儿
丑陋的虫子
显微镜下的怪物
动物惊奇
植物的咒语
臭屁的大脑
神奇的肢体碎片
身体使用手册
杀人疾病全记录
进化之谜
时间揭秘
触电惊魂
力的惊险故事
声音的魔力
神秘莫测的光
能量怪物
化学也疯狂
受苦受难的科学家
改变世界的科学实验
魔鬼头脑训练营
"末日"来临
鏖战飞行
目瞪口呆话发明
动物的狩猎绝招
恐怖的实验
致命毒药

## "经典数学"系列（12册）

要命的数学
特别要命的数学
绝望的分数
你真的会＋－×÷吗
数字——破解万物的钥匙
逃不出的怪圈——圆和其他图形
寻找你的幸运星——概率的秘密
测来测去——长度、面积和体积
数学头脑训练营
玩转几何
代数任我行
超级公式

## "科学新知"系列（17册）

破案术大全
墓室里的秘密
密码全攻略
外星人的疯狂旅行
魔术全揭秘
超级建筑
超能电脑
电影特技魔法秀
街上流行机器人
美妙的电影
我为音乐狂
巧克力秘闻
神奇的互联网
太空旅行记
消逝的恐龙
艺术家的魔法秀
不为人知的奥运故事

## "自然探秘"系列（12册）

惊险南北极
地震了！快跑！
发威的火山
愤怒的河流
绝顶探险
杀人风暴
死亡沙漠
无情的海洋
雨林深处
勇敢者大冒险
鬼怪之湖
荒野之岛

## "体验课堂"系列（4册）

体验丛林
体验沙漠
体验鲨鱼
体验宇宙

## "中国特辑"系列（1册）

谁来拯救地球